FORMELSAMMLUNG

für Hauptschulen

MATHEMATIK

Physik · Chemie · Technik

Roland Kienhöfer
Lutz Warlich

W0193881

ISBN 3-507-**73016**-2

Herstellung: Oeding Druck GmbH, Braunschweig

CHLORFREI
Gedruckt auf Papier, das nicht mit Chlor gebleicht wurde.
Bei der Produktion entstehen keine chlorkohlenwasserstoffhaltigen Abwässer.

9411

Mathematische Symbole

$=$	gleich	⊾	rechter Winkel
$\neq$	ungleich	$\sphericalangle$	Winkel
$<$	kleiner als	$\overline{AB}$	Strecke mit den Endpunkten A und B
$\leqq$	kleiner oder gleich	T_n	alle Teiler von n
$>$	größer als	V_n	alle Vielfachen von n
$\geqq$	größer oder gleich	$\mathbb{N}$	Menge der natürlichen Zahlen: 1, 2, 3, …
$\approx$	ungefähr gleich; rund	$\mathbb{N}_0$	Menge der natürlichen Zahlen einschl. Null: 0, 1, 2, 3, …
$\sim$	ähnlich; proportional	$\mathbb{Z}$	Menge der ganzen Zahlen: …, –3, –2, –1, 0, 1, 2, 3, …
$\cong$	deckungsgleich; kongruent	$\mathbb{Q}$	Menge der rationalen Zahlen
$\triangleq$	entspricht	$\mathbb{R}$	Menge der reellen Zahlen
$\parallel$	parallel	π	Kreiszahl Pi ($\pi =$ 3,14…)
$\perp$	senkrecht		
$\lvert a \rvert$	Betrag der Zahl a		

Griechisches Alphabet

Alpha	α	A	Eta	η	H	Ny	ν	N	Tau	τ	T
Beta	β	B	Theta	ϑ	Θ	Xi	ξ	Ξ	Ypsilon	υ	Y
Gamma	γ	Γ	Jota	ι	I	Omikron	o	O	Phi	φ	Φ
Delta	δ	Δ	Kappa	κ	K	Pi	π	Π	Chi	χ	X
Epsilon	ε	E	Lambda	λ	Λ	Rho	ρ	P	Psi	ψ	Ψ
Zeta	ζ	Z	My	μ	M	Sigma	σ, ς	Σ	Omega	ω	Ω

Bezeichnungen

Addition

a	+	b	=	c
Summand		Summand		Summe

Multiplikation

a	·	b	=	c
Faktor		Faktor		Produkt

Subtraktion

a	–	b	=	c
Minuend		Subtrahend		Differenz

Division

a	:	b	=	c
Dividend		Divisor		Quotient

Rechenregeln

Kommutativgesetze

$a + b = b + a$

$a \cdot b = b \cdot a$

Assoziativgesetze

$a + (b + c) = (a + b) + c$

$a \cdot (b \cdot c) = (a \cdot b) \cdot c$

Distributivgesetze

$a \cdot (b + c) = a \cdot b + a \cdot c$

$a \cdot (b - c) = a \cdot b - a \cdot c$

Multiplikation von Summen

$(a + b) \cdot (c + d) = a \cdot c + a \cdot d + b \cdot c + b \cdot d$

Binomische Formeln

$(a + b)^2 = a^2 + 2ab + b^2$

$(a - b)^2 = a^2 - 2ab + b^2$

$(a + b) \cdot (a - b) = a^2 - b^2$

$(a + b)^3 = a^3 + 3a^2b + 3ab^2 + b^3$

$(a - b)^3 = a^3 - 3a^2b + 3ab^2 - b^3$

Bruchrechnung

Erweitern – Zähler und Nenner mit der gleichen Zahl multiplizieren. $\frac{a}{b} = \frac{a \cdot c}{b \cdot c}$

Kürzen – Zähler und Nenner durch die gleiche Zahl dividieren. $\frac{a}{b} = \frac{a : c}{b : c}$

Multiplikation – Zähler mit Zähler und Nenner mit Nenner multiplizieren. $\frac{a}{b} \cdot \frac{c}{d} = \frac{a \cdot c}{b \cdot d}$ $\quad \frac{a}{b} \cdot c = \frac{a \cdot c}{b}$

Division – Mit dem Kehrwert multiplizieren. $\frac{a}{b} : \frac{c}{d} = \frac{a}{b} \cdot \frac{d}{c} = \frac{a \cdot d}{b \cdot c}$ $\quad \frac{a}{b} : c = \frac{a}{b \cdot c}$

Addition und Subtraktion – Brüche mit *gleichem* Nenner: Zähler addieren (subtrahieren) und den Nenner beibehalten. $\frac{a}{b} + \frac{c}{b} = \frac{a+c}{b}$ $\quad \frac{a}{b} - \frac{c}{b} = \frac{a-c}{b}$

Brüche mit *verschiedenen* Nennern: Durch Erweitern auf einen gemeinsamen Nenner (Hauptnenner) bringen, dann die Brüche mit gleichen Nennern addieren (subtrahieren).

Bruch in Dezimalzahl umwandeln: Zähler durch den Nenner dividieren.

Mittelwert von Zahlen (Arithmetisches Mittel / Durchschnitt)

Der Mittelwert der Zahlen $a_1, a_2, \ldots, a_n$ ist: $m = \frac{a_1 + a_2 + \ldots + a_n}{n}$

Potenzen

Potenz a^n (Exponent: n, Basis: a)

$a^1 = a$

$a^2 = a \cdot a$

$a^n = \underbrace{a \cdot a \cdot a \cdot \ldots \cdot a}_{n \text{ Faktoren}}$

Für $a \neq 0$ gilt:

$a^0 = 1$

$a^{-n} = \frac{1}{a^n}$

Potenzgesetze

gleiche Basis

$a^m \cdot a^n = a^{m+n}$

$a^m : a^n = a^{m-n}$

gleicher Exponent

$a^n \cdot b^n = (a \cdot b)^n$

$a^n : b^n = \left(\frac{a}{b}\right)^n$

Potenzieren

$(a^m)^n = a^{m \cdot n}$

Wurzeln

Wurzel $\sqrt[n]{a}$ (Wurzelexponent: n, Radikand: a)

Quadratwurzel: $\sqrt[2]{a} = b$ bedeutet $b^2 = a$ $(a > 0, b > 0)$.
Für $\sqrt[2]{a}$ schreibt man $\sqrt{a}$.

Kubikwurzel: $\sqrt[3]{a} = b$ bedeutet $b^3 = a$ $(a > 0)$.

n-te Wurzel: $\sqrt[n]{a} = b$ bedeutet $b^n = a$ $(a > 0, b > 0, n > 1)$.

Wurzelgesetze für Quadratwurzeln

$\sqrt{a^2} = a$ $\quad (\sqrt{a})^2 = a$ $\quad (\sqrt{a})^m = \sqrt{a^m}$ $\quad \sqrt{a} \cdot \sqrt{b} = \sqrt{ab}$ $\quad \sqrt{a} : \sqrt{b} = \sqrt{\frac{a}{b}}$

Prozent- und Promillerechnung

	Formel	*Operatormodell*
G = Grundwert P = Prozentwert $p\% = \frac{p}{100}$ = Prozentsatz	$P = G \cdot \frac{p}{100}$	$G \xrightarrow{\cdot \frac{p}{100}} P$
G = Grundwert P = Promillewert $p‰ = \frac{p}{1000}$ = Promillesatz	$P = G \cdot \frac{p}{1000}$	$G \xrightarrow{\cdot \frac{p}{1000}} P$
G = Grundwert E = Endwert		
vermehrter Grundwert:	$E = G \cdot \left(1 + \frac{p}{100}\right)$	$G \xrightarrow{\cdot \left(1 + \frac{p}{100}\right)} E$
verminderter Grundwert:	$E = G \cdot \left(1 - \frac{p}{100}\right)$	$G \xrightarrow{\cdot \left(1 - \frac{p}{100}\right)} E$

Zinsrechnung

	Jahreszinsen	*Tageszinsen*	*Monatszinsen*
K = Kapital			
Z = Zinsen	i = Zeit in Jahren	t = Zeit in Tagen	m = Zeit in Monaten
$p\% = \frac{p}{100}$ = Zinssatz	$Z = \frac{K \cdot i \cdot p}{100}$	$Z = \frac{K \cdot t \cdot p}{100 \cdot 360}$	$Z = \frac{K \cdot m \cdot p}{100 \cdot 12}$

1 Jahr = 12 Monate = 360 Zinstage

1 Monat = 30 Zinstage

Zinseszins

	Zunahme	*Abnahme (degressiv)*
K_0 = Anfangskapital		
K_n = Kapital nach n Jahren	$q = 1 + \frac{p}{100}$	$q = 1 - \frac{p}{100}$
n = Anzahl der Jahre	$K_n = K_0 \cdot q^n$	$K_n = K_0 \cdot q^n$
$p\% = \frac{p}{100}$ = Zinssatz	$K_n = K_0 \cdot \left(1 + \frac{p}{100}\right)^n$	$K_n = K_0 \cdot \left(1 - \frac{p}{100}\right)^n$
q = Zinsfaktor		

Wachstumsprozesse

	Wachstum	*Zerfall*
W_0 = Anfangswert		
W_n = Wert nach n Schritten	$q = 1 + \frac{p}{100}$	$q = 1 - \frac{p}{100}$
n = Anzahl der Schritte	$W_n = W_0 \cdot q^n$	$W_n = W_0 \cdot q^n$
$p\% = \frac{p}{100}$ = prozentuale Zunahme/Abnahme	$W_n = W_0 \cdot \left(1 + \frac{p}{100}\right)^n$	$W_n = W_0 \cdot \left(1 - \frac{p}{100}\right)^n$
q = Wachstumsfaktor		

Systeme linearer Gleichungen mit 2 Unbekannten (Variablen)

Normalform: (1) $a_1x + b_1y = c_1$
(2) $a_2x + b_2y = c_2$

Einsetzungsverfahren

Eine Gleichung wird nach einer Variablen, z. B. nach x, aufgelöst. Für x wird der errechnete Term dann in die 2. Gleichung eingesetzt.

Gleichsetzungsverfahren

Beide Gleichungen werden nach derselben Variablen, z. B. nach x, aufgelöst. Beide Terme für x werden dann gleichgesetzt.

Additionsverfahren

Die Gleichungen werden so multipliziert, daß vor einer Variablen, vor x oder vor y, Zahl und Gegenzahl stehen. Dann werden die Gleichungen addiert.

Zeichnerische Lösung

Die Schaubilder der Gleichungen (1) $a_1x + b_1y = c_1$ und (2) $a_2x + b_2y = c_2$ sind zwei Geraden im Koordinatensystem. Die Lösungen des Gleichungssystems sind alle Schnittpunkte der Geraden. Drei Fälle sind möglich:

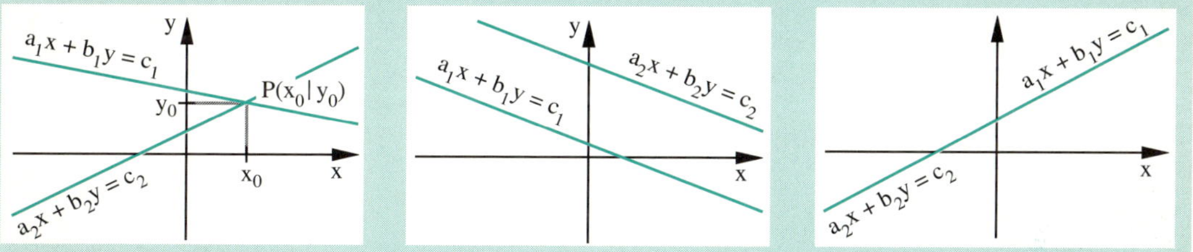

Geraden *schneiden sich* in $P(x_0|y_0)$; Lösung ist $x = x_0$, $y = y_0$

Geraden sind *parallel*; keine Lösung

Geraden sind *identisch*; unendlich viele Lösungen

Quadratische Gleichungen

Normalform: $x^2 + px + q = 0$

Lösungen: $x_1 = -\frac{p}{2} + \sqrt{\left(\frac{p}{2}\right)^2 - q}$ $\quad x_2 = -\frac{p}{2} - \sqrt{\left(\frac{p}{2}\right)^2 - q}$

Diskriminante: $D = \left(\frac{p}{2}\right)^2 - q$

Anzahl der Lösungen: $D > 0$: zwei Lösungen; $D = 0$: eine Lösung; $D < 0$: unlösbar

Satz des Vieta: Sind x_1, x_2 die Lösungen von $x^2 + px + q = 0$, so gilt:
$x_1 + x_2 = -p$, $x_1 \cdot x_2 = q$

Linearfaktoren: Die Gleichung läßt sich schreiben in der Form
$(x - x_1) \cdot (x - x_2) = 0$

Allgemeine quadratische Gleichung:
$ax^2 + bx + c = 0 \quad (a \neq 0)$
Division durch a führt zur Normalform.

Kartesisches Koordinatensystem

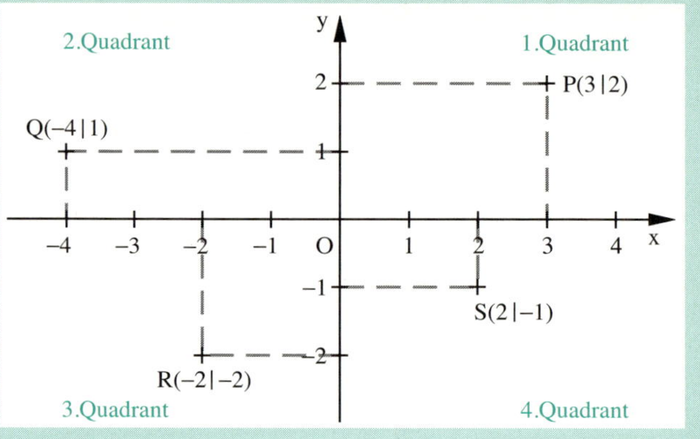

O: Ursprung mit den Koordinaten (0|0)

Proportionale Zuordnungen

Zum Doppelten der einen Größe gehört das Doppelte der anderen, zum Dreifachen gehört das Dreifache, ...

Zur Hälfte gehört die Hälfte, ...

Zum n-fachen der einen Größe gehört das n-fache der anderen.

Alle Wertepaare haben denselben Quotienten.

Der Graph ist eine Gerade durch den Ursprung (0|0).

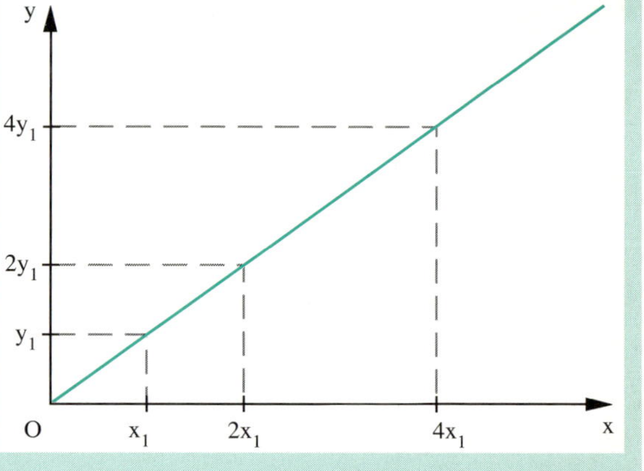

Umgekehrt-proportionale Zuordnung

Zum Doppelten der einen Größe gehört die Hälfte der anderen, zum Dreifachen gehört ein Drittel, ...

Zur Hälfte gehört das Doppelte, ...

Zum n-fachen der einen Größe gehört der n-te Teil der anderen.

Alle Wertepaare haben dasselbe Produkt.

Der Graph ist eine Hyperbel.

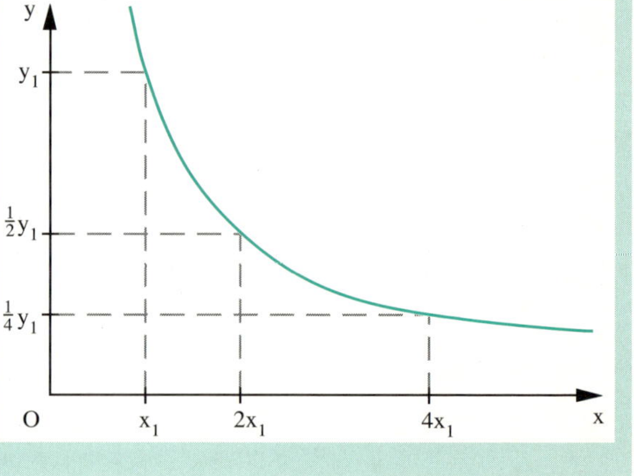

Lineare Funktionen (Schaubilder sind Geraden)

$y = mx + b$

m: Steigung
b : Achsenabschnitt

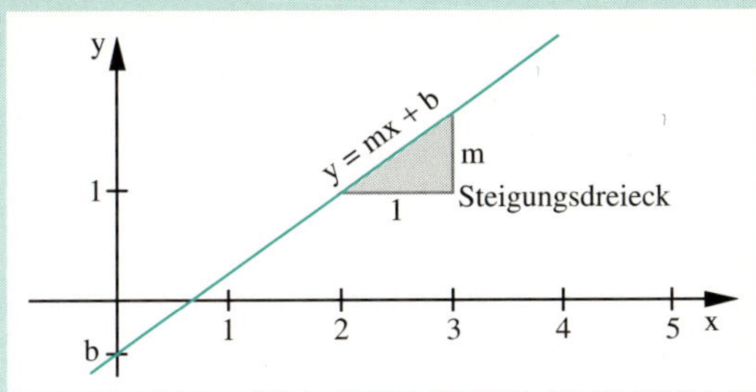

Spezialfälle:

$y = a$ Parallele zur x-Achse im Abstand a
$x = a$ Parallele zur y-Achse im Abstand a

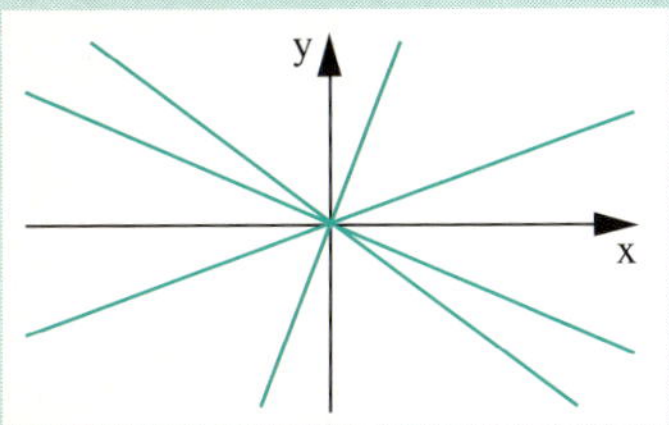

$b = 0$ $m \neq 0$ $y = mx$
Ursprungsgeraden

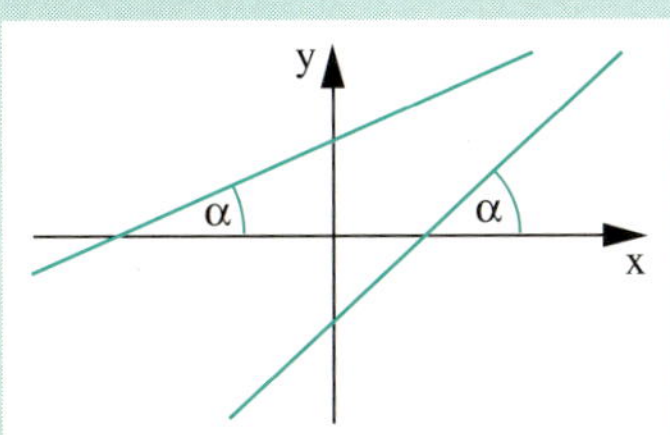

$m > 0$ $0° < \alpha < 90°$
Gerade steigend

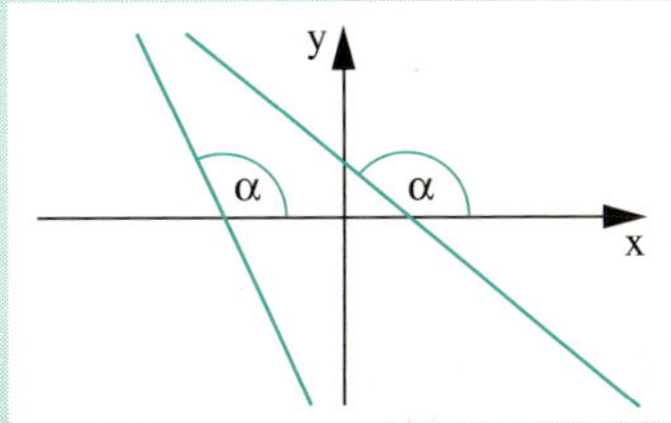

$m < 0$ $90° < \alpha < 180°$
Gerade fallend

Quadratische Funktionen (Schaubilder sind Parabeln)

$y = x^2$ Normalparabel

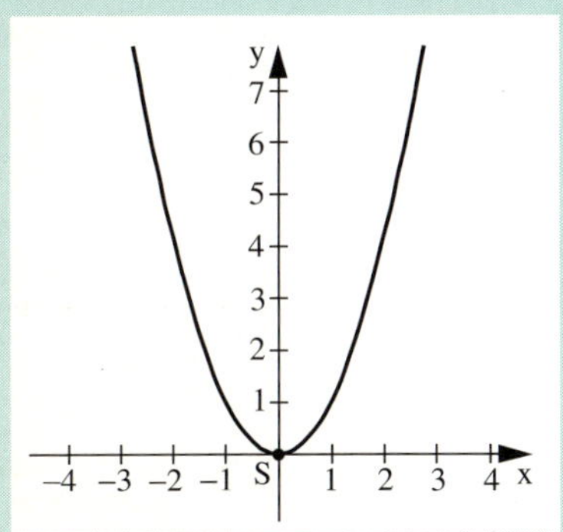

Scheitelpunkt S(0|0)

$y = ax^2$ $a > 0$
Parabel ist nach oben geöffnet.

$a = 1$	Normalparabel
$a > 1$	gestreckte Parabel
$0 < a < 1$	gestauchte Parabel

$y = -ax^2$ $a > 0$
Parabel ist nach unten geöffnet.

Scheitelpunkt S (0|0)

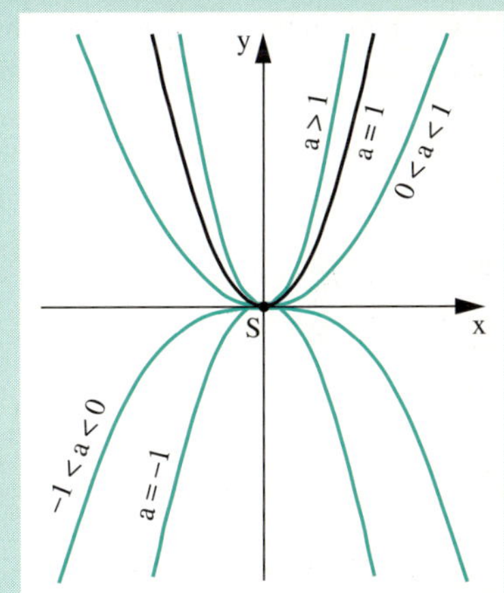

$y = ax^2 + c$

Verschiebung der Parabel $y = ax^2$:
nach oben ($c > 0$)
nach unten ($c < 0$)

Scheitelpunkt
S (0|c)

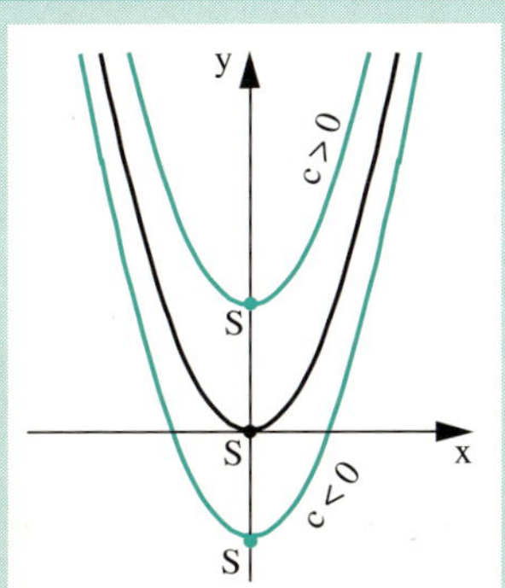

$y = ax^2 + bx + c$

allgemeine quadratische Funktion

Scheitelpunkt
$S\left(-\frac{b}{2a} \mid c - \frac{b^2}{4a}\right)$

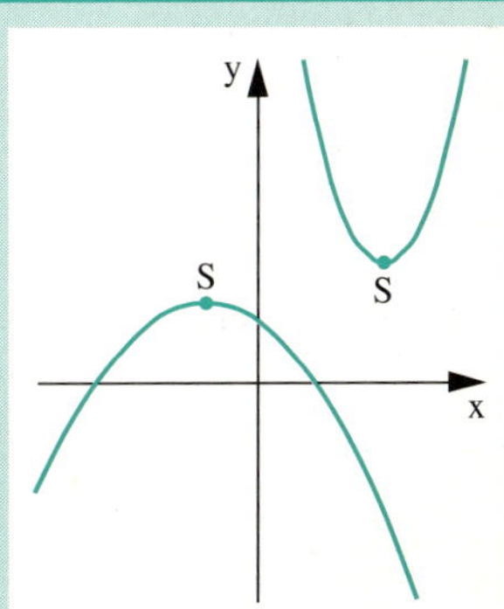

Winkel

spitzer Winkel	*rechter Winkel*	*stumpfer Winkel*	*gestreckter Winkel*	*überstumpfer Winkel*
$0° < \alpha < 90°$	$\alpha = 90°$	$90° < \alpha < 180°$	$\alpha = 180°$	$\alpha > 180°$

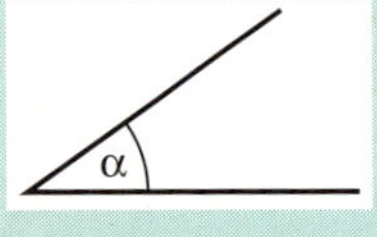

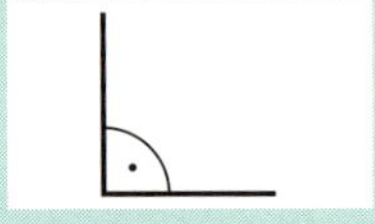
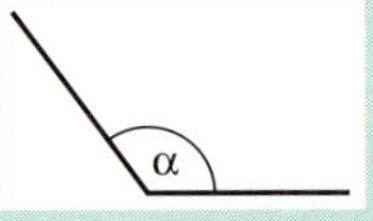

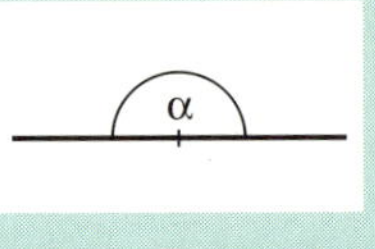

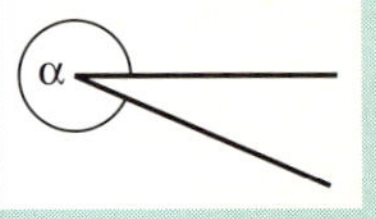

Nebenwinkel
$\alpha + \beta = 180°$

Scheitelwinkel
$\alpha = \beta$

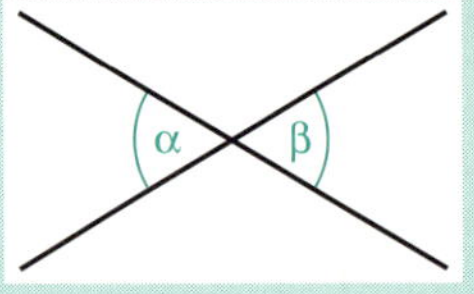

Stufenwinkel
$\alpha = \beta$ und $\gamma = \delta$

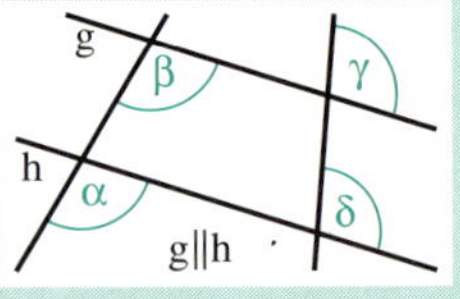

Wechselwinkel
$\alpha = \beta$ und $\gamma = \delta$

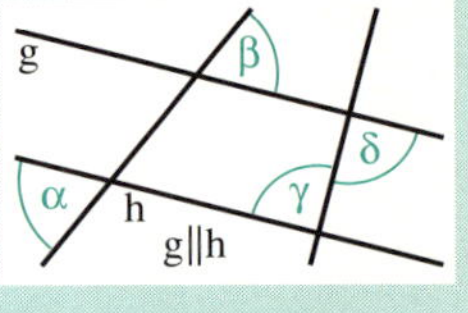

Winkelsumme

Dreieck

Die Winkelsumme beträgt 180°.

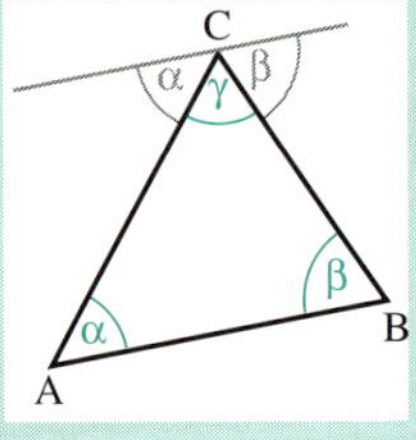

$\alpha + \beta + \gamma = 180°$

Viereck

Die Winkelsumme beträgt 360°.

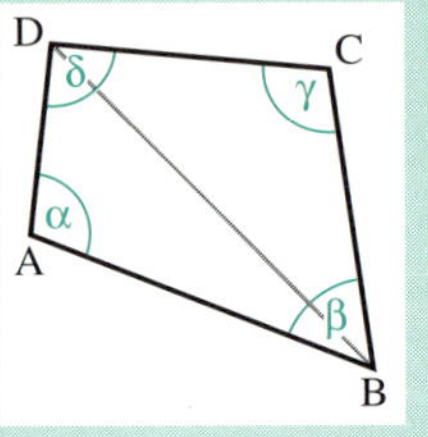

$\alpha + \beta + \gamma + \delta = 360°$

n-Eck

Die Winkelsumme beträgt $(n - 2) \cdot 180°$.

$n = 3, 4, 5, \ldots$

Dreiecke

spitzwinkliges Dreieck

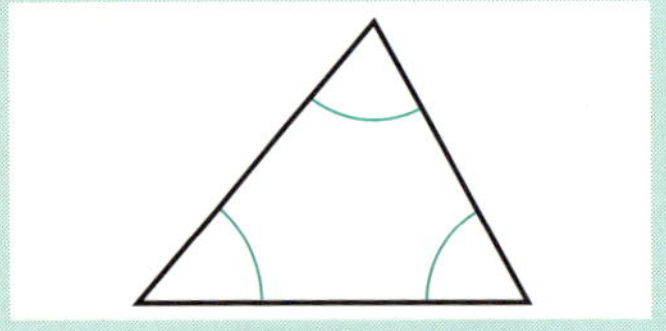

Alle Winkel sind kleiner 90°.

rechtwinkliges Dreieck

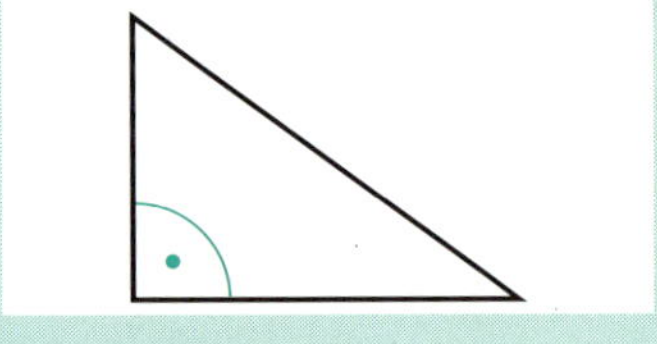

Ein Winkel ist 90°.

stumpfwinkliges Dreieck

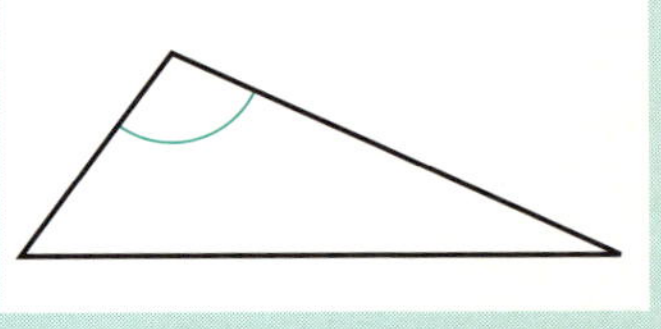

Ein Winkel ist größer 90°.

gleichschenkliges Dreieck

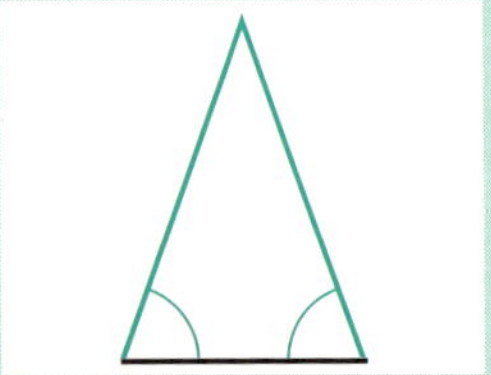

2 Seiten gleich lang.
2 Winkel gleich groß (Basiswinkel).

gleichseitiges Dreieck

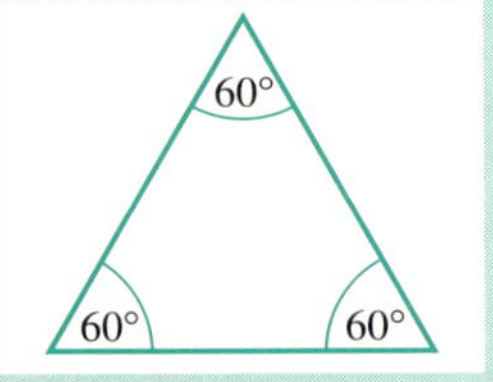

Alle Seiten gleich lang.
Alle Winkel gleich groß.

Satz des Thales

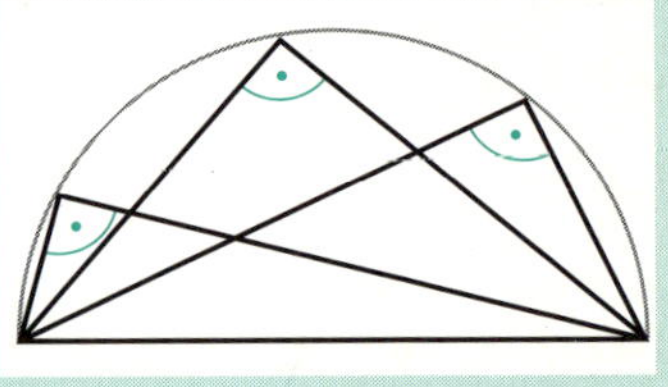

Alle Dreiecke im Halbkreis sind rechtwinklig.

Vierecke mit ihren Symmetrieachsen

Quadrat

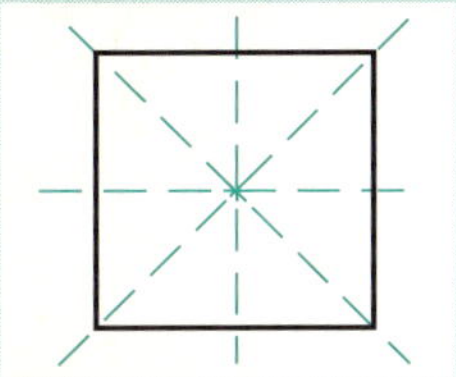

4 gleich lange Seiten;
4 rechte Winkel.

Rechteck

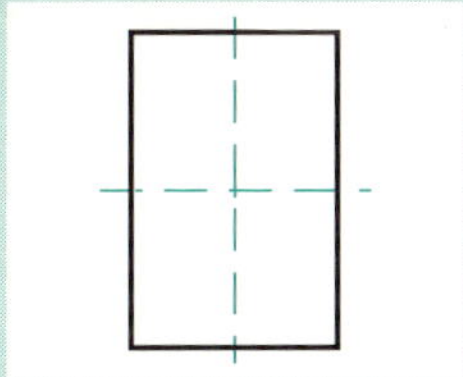

Gegenüberliegende Seiten gleich lang;
4 rechte Winkel.

Parallelogramm

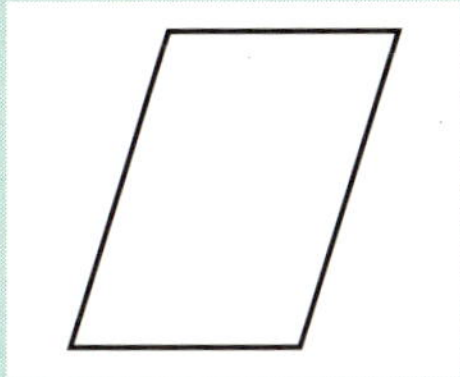

Gegenüberliegende Seiten parallel und gleich lang.

Raute

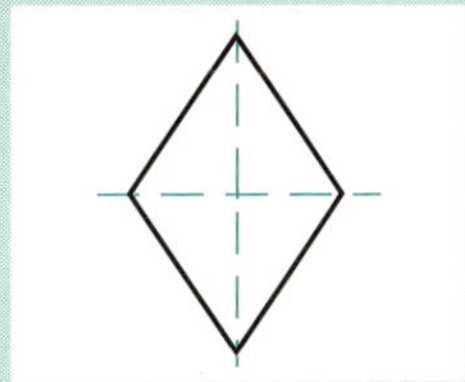

4 gleich lange Seiten.

Trapez

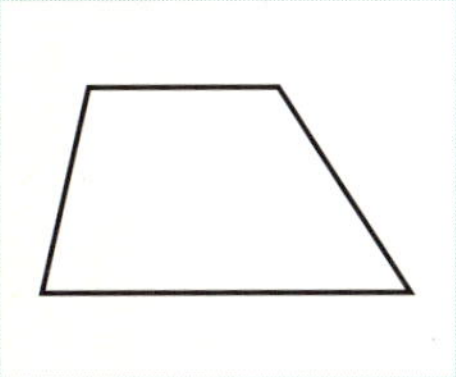

Zwei gegenüberliegende Seiten parallel.

rechtwinkliges Trapez

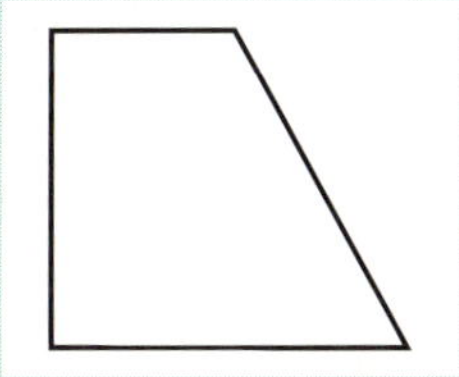

Zwei rechte Winkel.

gleichschenkliges Trapez

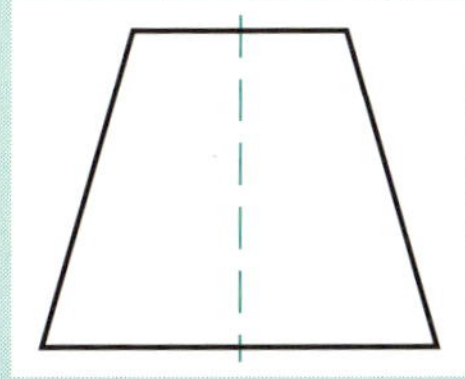

Nicht parallele Seiten gleich lang.

Drachenviereck

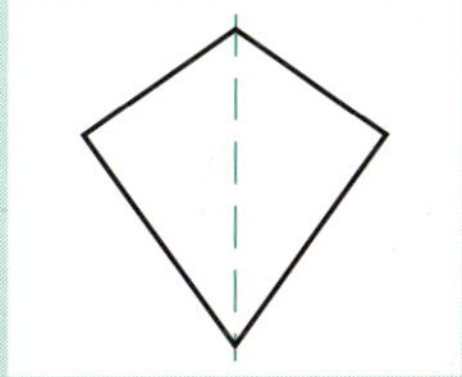

Eine Diagonale ist Symmetrieachse.

Kreise und Geraden

Kreis

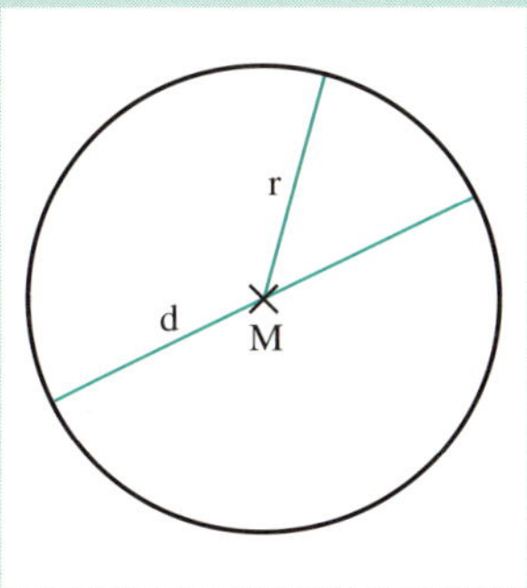

M: Mittelpunkt
r: Radius
d: Durchmesser

Tangenten

Geraden, die den Kreis in einem Punkt berühren. Es gilt $t \perp r$.

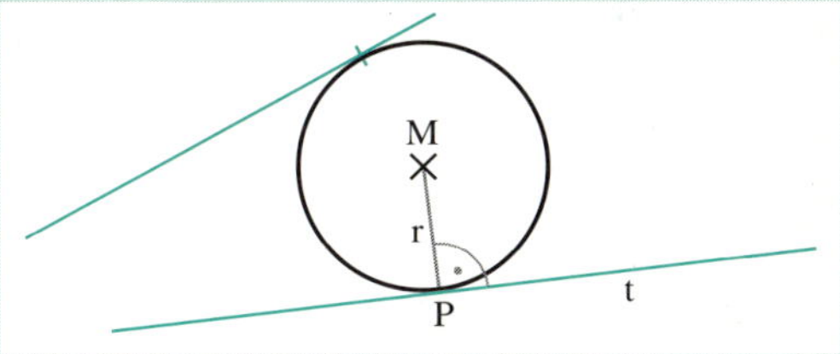

Sekanten

Geraden, die den Kreis in zwei Punkten schneiden . $\overline{PQ}$ heißt ***Sehne***.

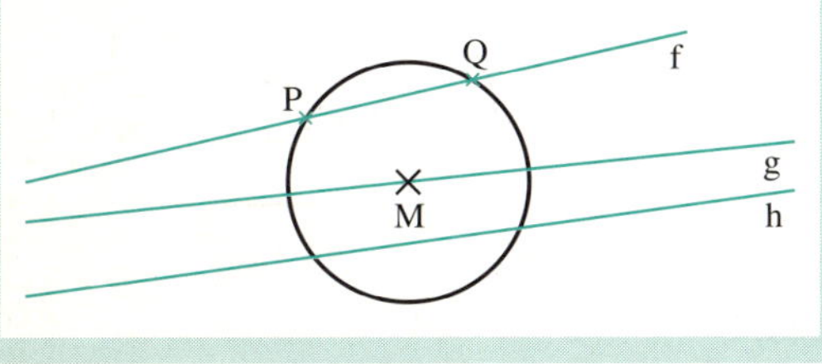

Passanten

Geraden, die den Kreis nicht schneiden.

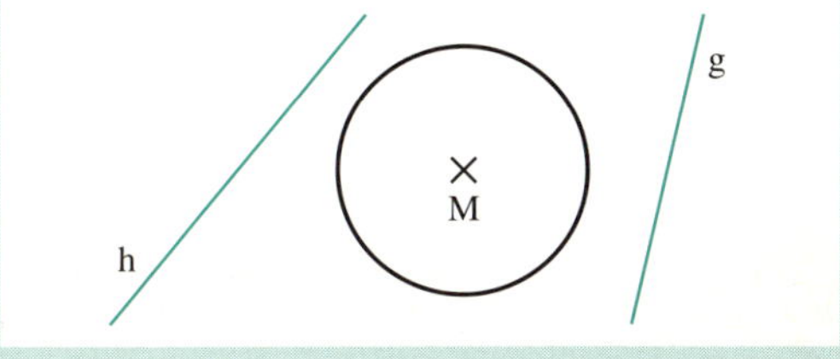

Besondere Linien und Punkte im Dreieck

Mittelsenkrechte und Umkreis

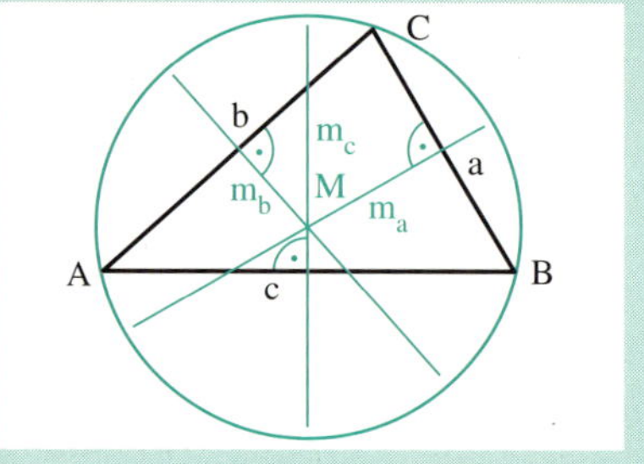

Die drei Mittelsenkrechten schneiden sich in einem Punkt M. Es ist der Mittelpunkt des Umkreises.

Winkelhalbierende und Inkreis

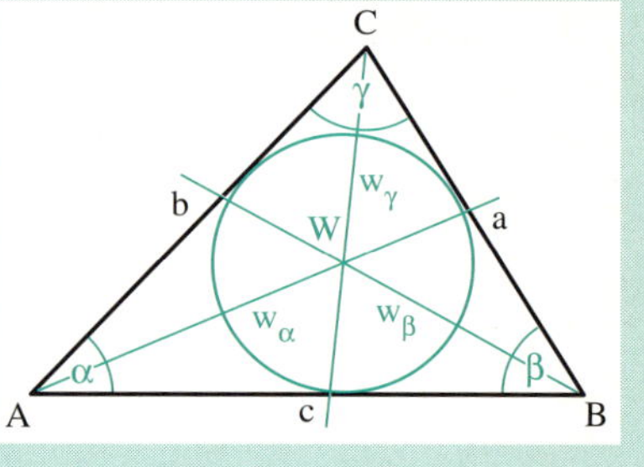

Höhen

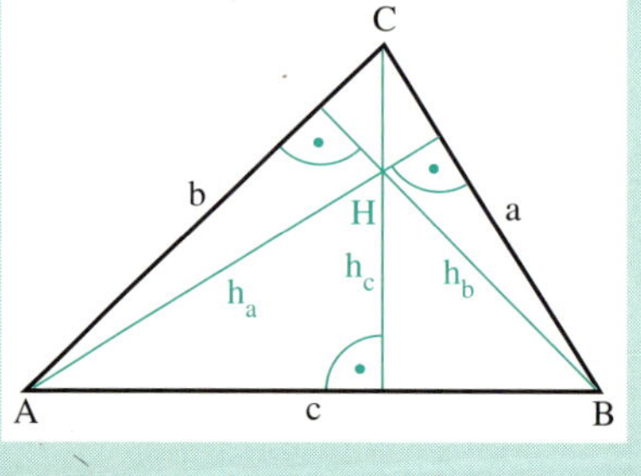

Die drei Höhen schneiden sich in einem Punkt H (Höhenschnittpunkt).

Seitenhalbierende

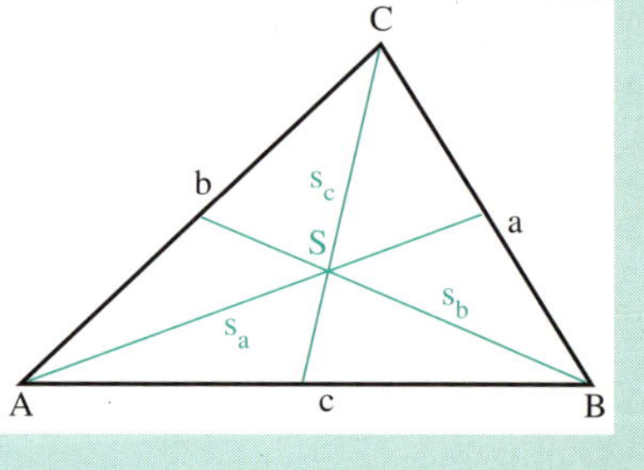

Flächensätze am rechtwinkligen Dreieck

Bezeichnungen:

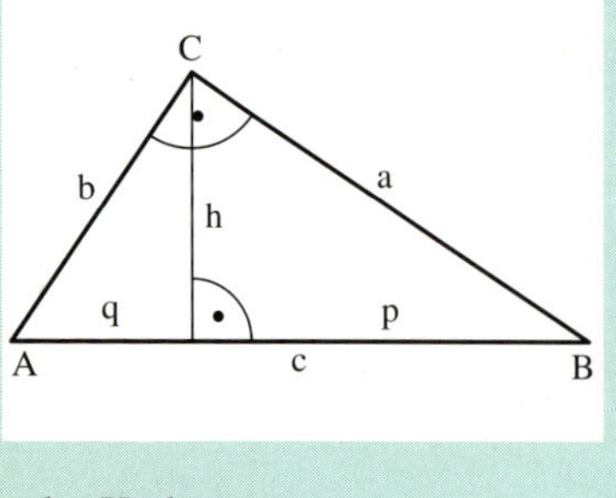

a, b Katheten
c Hypotenuse
h Höhe auf die Hypotenuse
p, q Hypotenusenabschnitte

Satz des Pythagoras

$a^2 + b^2 = c^2$

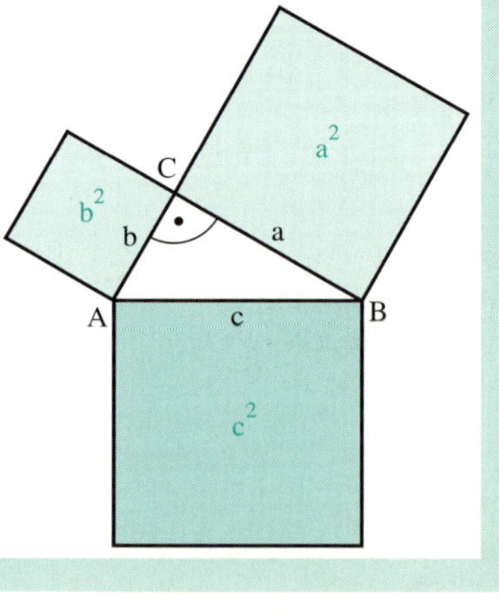

Satz des Euklid (Kathetensatz)

$a^2 = c \cdot p$

$b^2 = c \cdot q$

Höhensatz

$h^2 = p \cdot q$

Kongruenz von Dreiecken

Zwei Dreiecke heißen *kongruent*, wenn sie deckungsgleich sind.
Zwei Dreiecke sind kongruent, wenn sie übereinstimmen
(1) in allen drei Seiten (sss);
(2) in zwei Seiten und dem eingeschlossenen Winkel (sws);
(3) in einer Seite und den beiden anliegenden Winkeln (wsw);
(4) in zwei Seiten und dem Gegenwinkel der längeren Seite (ssw).

sss

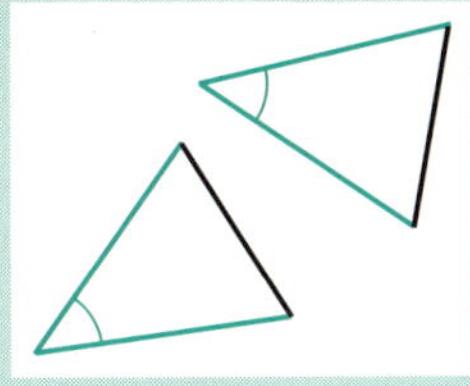
sws

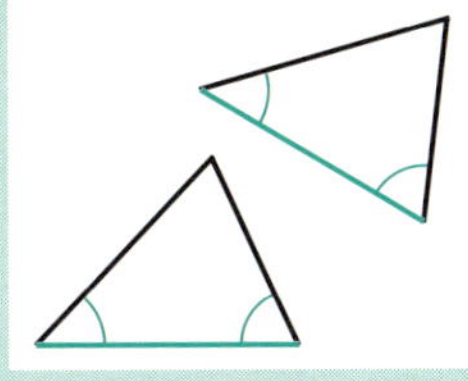
wsw

ssw

Ähnlichkeit von Dreiecken

Zwei Dreiecke heißen *ähnlich*, wenn sie in allen Winkeln übereinstimmen und einander entsprechende Seitenverhältnisse gleich sind.

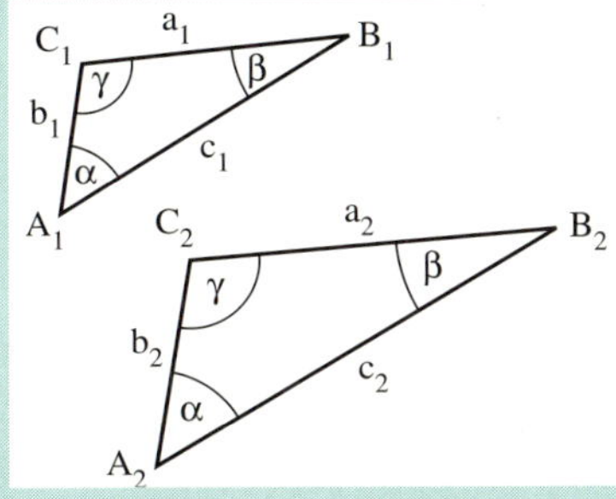

$$\frac{a_1}{b_1} = \frac{a_2}{b_2} \qquad \frac{a_1}{a_2} = \frac{b_1}{b_2}$$

$$\frac{a_1}{c_1} = \frac{a_2}{c_2} \qquad \frac{a_1}{a_2} = \frac{c_1}{c_2}$$

$$\frac{b_1}{c_1} = \frac{b_2}{c_2} \qquad \frac{b_1}{b_2} = \frac{c_1}{c_2}$$

Strahlensätze

1. Strahlensatz

Werden von einem Punkt ausgehende Strahlen von Parallelen geschnitten, verhalten sich die Abschnitte auf einem Strahl zueinander wie entsprechende Abschnitte auf dem anderen Strahl.

$$\frac{\overline{PQ_1}}{\overline{PQ_2}} = \frac{\overline{PR_1}}{\overline{PR_2}} \qquad \frac{\overline{PQ_1}}{\overline{Q_1Q_2}} = \frac{\overline{PR_1}}{\overline{R_1R_2}}$$

2. Strahlensatz

Werden von einem Punkt ausgehende Strahlen von Parallelen geschnitten, verhalten sich die Parallelenabschnitte zueinander wie die zugehörigen Strahlenabschnitte.

$$\frac{\overline{Q_1R_1}}{\overline{Q_2R_2}} = \frac{\overline{Q_1P}}{\overline{Q_2P}} \qquad \frac{\overline{Q_1R_1}}{\overline{Q_2R_2}} = \frac{\overline{R_1P}}{\overline{R_2P}}$$

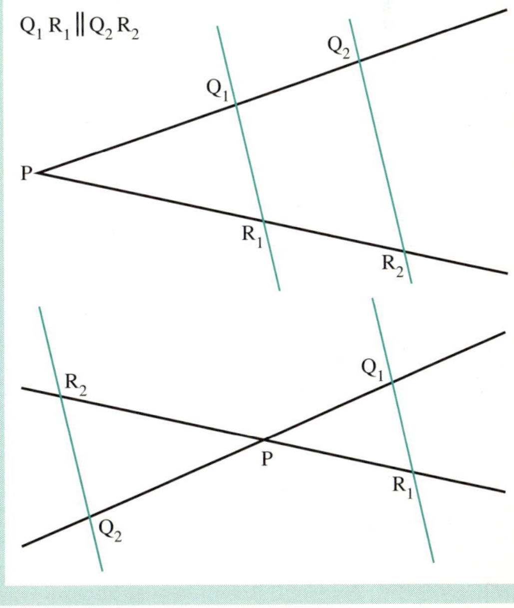

Kongruenzabbildungen

Verschiebung (Parallelverschiebung)

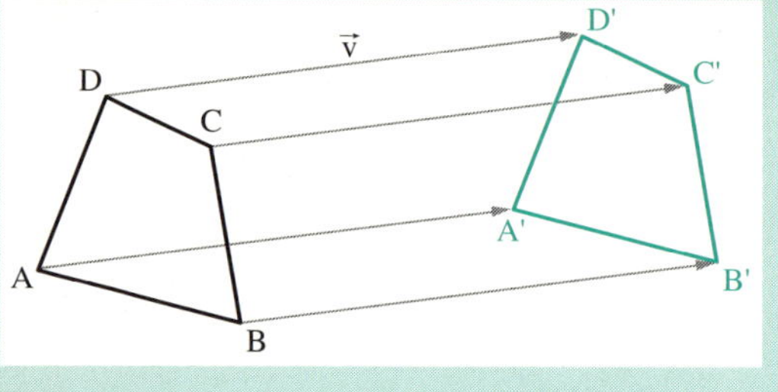

Jeder Punkt wird in die gleiche Richtung um dieselbe Strecke verschoben. Ein Verschiebungspfeil $\vec{v}$ gibt Länge und Richtung der Verschiebung an.

Achsenspiegelung

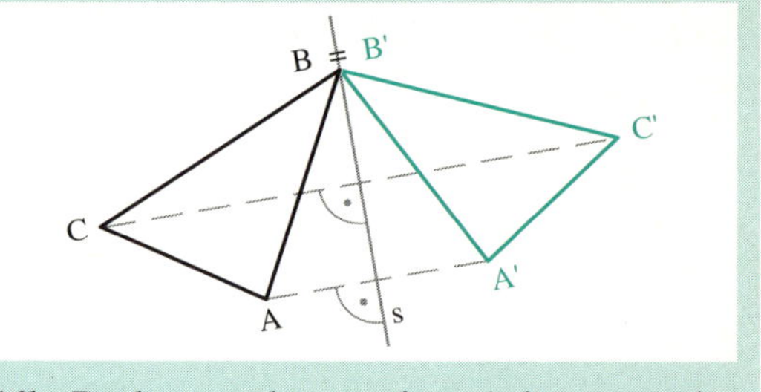

Alle Punkte werden an einer Achse s gespiegelt. Es gilt für Punkt A und Bildpunkt A':

(1) $\overline{AA'} \perp s$ (2) $\overline{AA'}$ wird von s halbiert.

Figur und Bildfigur sind symmetrisch, s ist Symmetrieachse.

Drehung

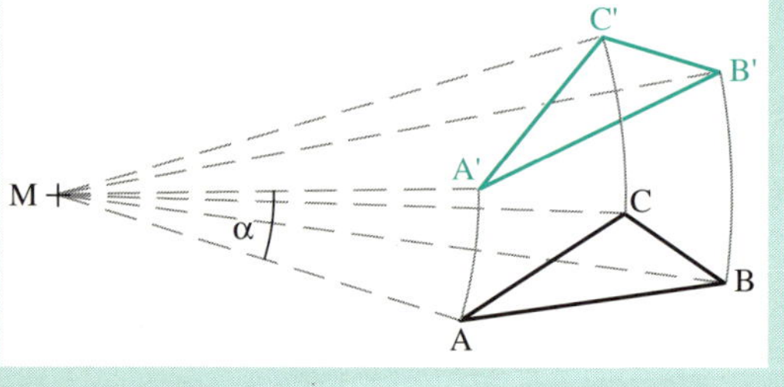

Alle Punkte werden um einen Drehpunkt M um einen Drehwinkel α (gegen den Uhrzeigersinn) gedreht.

Punktspiegelung

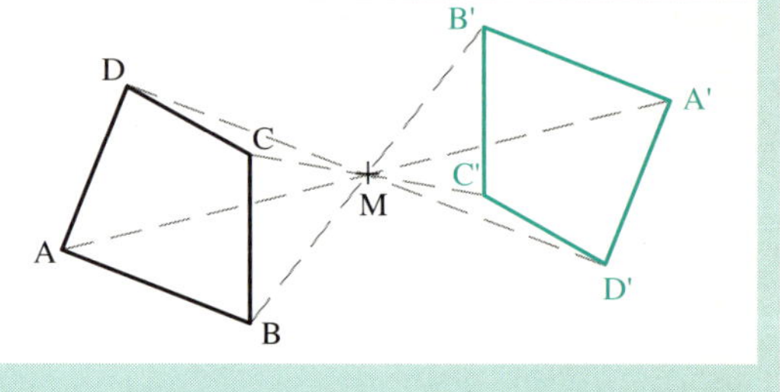

Eine Drehung um 180° heißt Punktspiegelung. Der Drehpunkt M halbiert die Verbindungsstrecken $\overline{AA'}$, $\overline{BB'}$, $\overline{CC'}$, $\overline{DD'}$.

Figur und Bildfigur sind punktsymmetrisch.

Flächenberechnungen

Dreiecke

allgemein

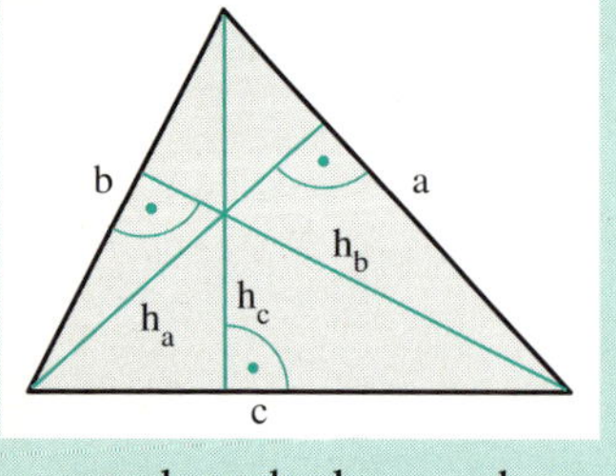

$A = \frac{c \cdot h_c}{2} = \frac{b \cdot h_b}{2} = \frac{a \cdot h_a}{2}$

$A = \frac{g \cdot h}{2}$ (allgemein)

$u = a + b + c$

gleichseitig

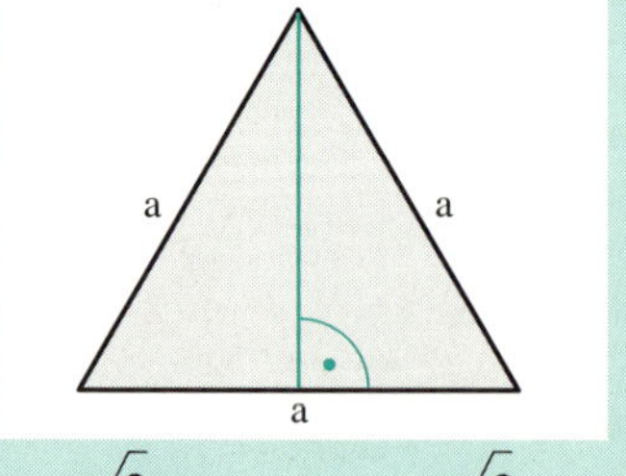

$A = \frac{\sqrt{3}}{4} a^2$ $h = \frac{\sqrt{3}}{2} a$

$u = 3a$

rechtwinklig

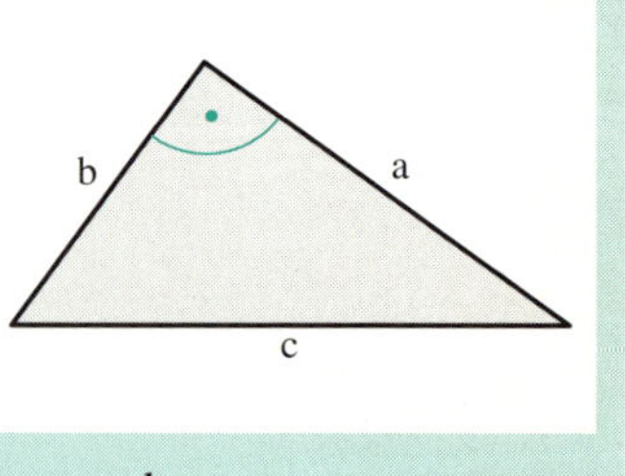

$A = \frac{a \cdot b}{2}$

$u = a + b + c$

Vierecke

Quadrat

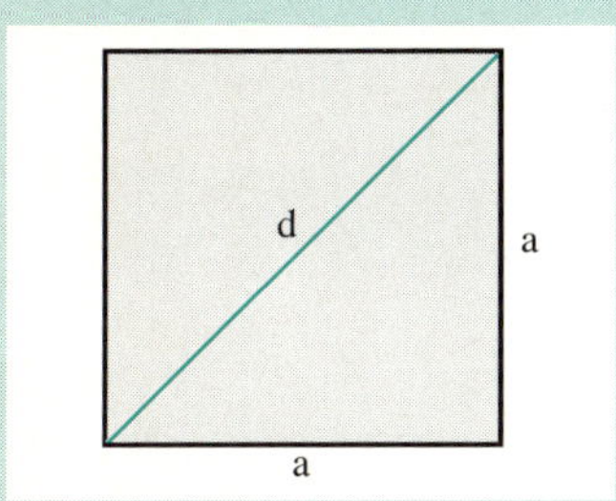

$A = a^2 \qquad d = a\sqrt{2}$

$u = 4a$

Rechteck

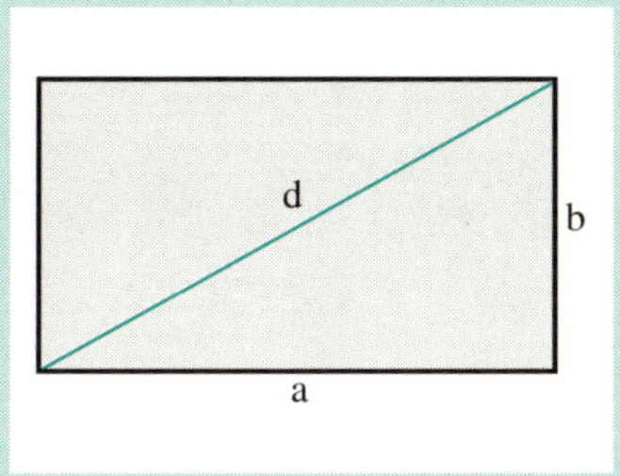

$A = a \cdot b \qquad d = \sqrt{a^2 + b^2}$

$u = 2a + 2b = 2\,(a + b)$

Raute

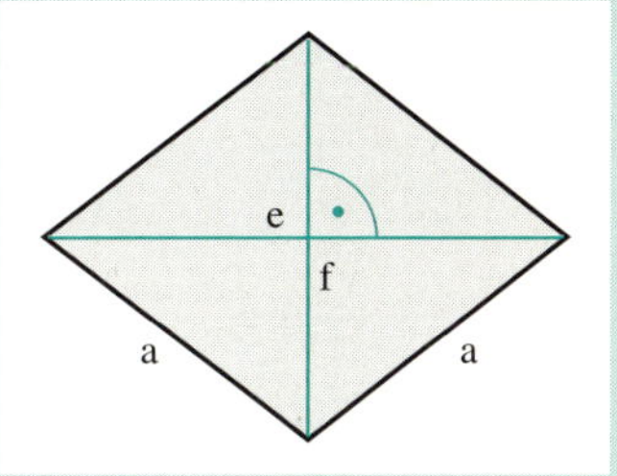

$A = \frac{e \cdot f}{2} \qquad a = \frac{\sqrt{e^2 + f^2}}{2}$

$u = 4a$

Parallelogramm

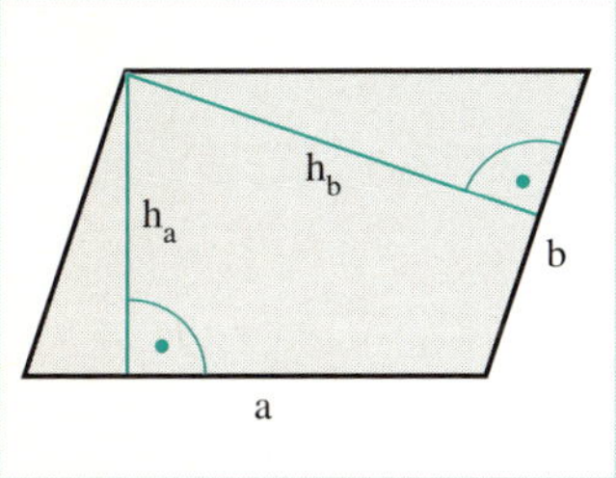

$A = a \cdot h_a = b \cdot h_b$

$A = g \cdot h$ (allgemein)

$u = 2a + 2b = 2\,(a + b)$

Trapez

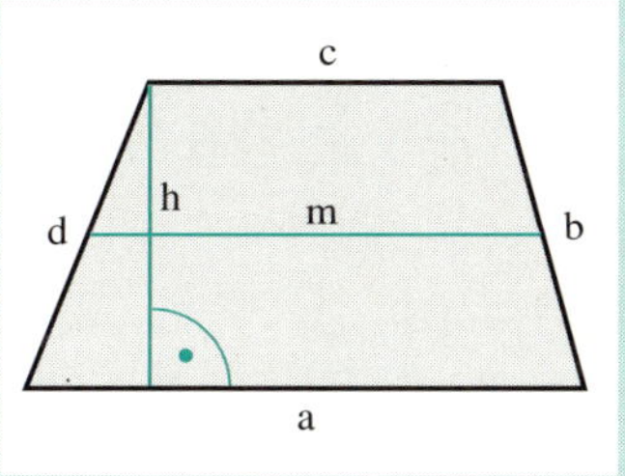

$A = \frac{a + c}{2} \cdot h = m \cdot h$

$u = a + b + c + d$

Drachenviereck

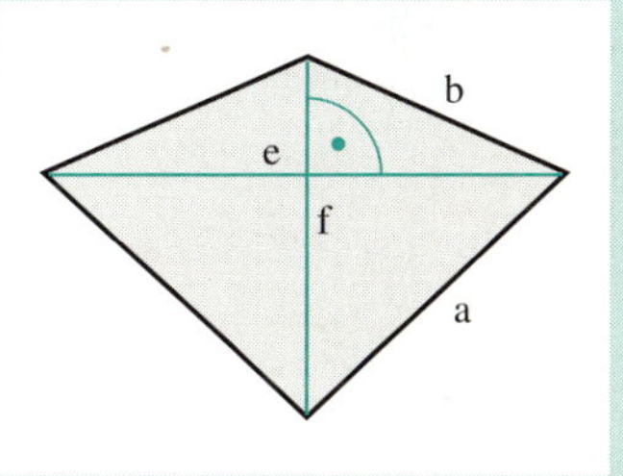

$A = \frac{e \cdot f}{2}$

$u = 2a + 2b = 2\,(a + b)$

Kreis

Kreis

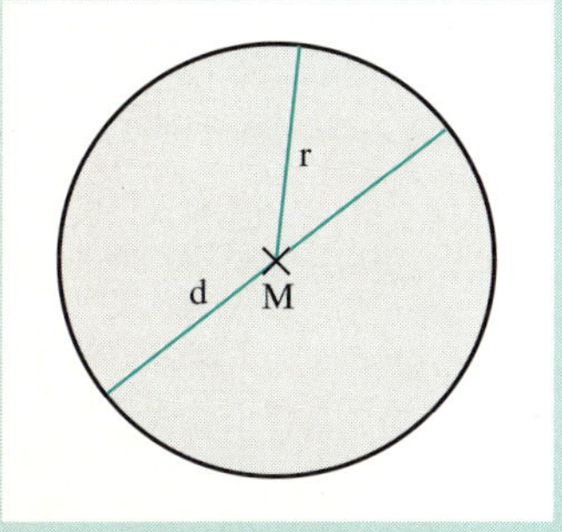

$A = \pi r^2 = \pi \cdot \frac{d^2}{4}$

$u = 2\pi r = \pi d$

Kreisring

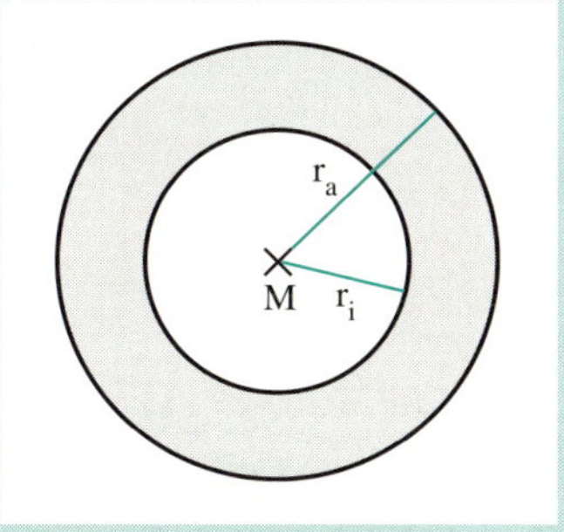

$A = \pi r_a{}^2 - \pi r_i{}^2$

$A = \pi\,(r_a{}^2 - r_i{}^2)$

Kreisausschnitt, Kreisbogen

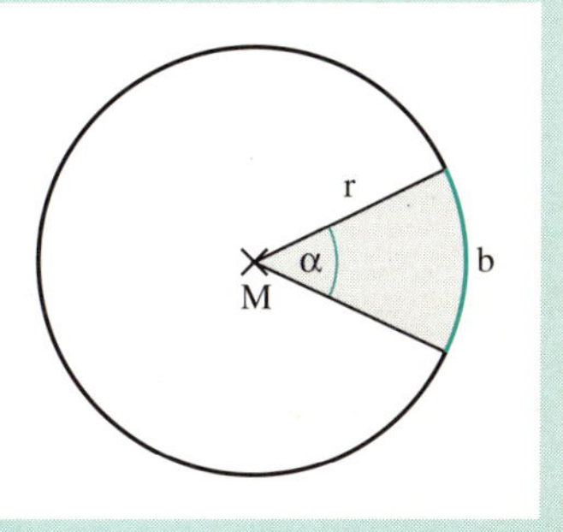

Kreisausschnitt: $A = \pi r^2 \cdot \frac{\alpha}{360°}$

Bogenlänge: $b = 2\pi r \cdot \frac{\alpha}{360°}$

Körperberechnungen

V Körpervolumen   G Grundfläche   h Körperhöhe
O Oberfläche   M Mantelfläche

Würfel

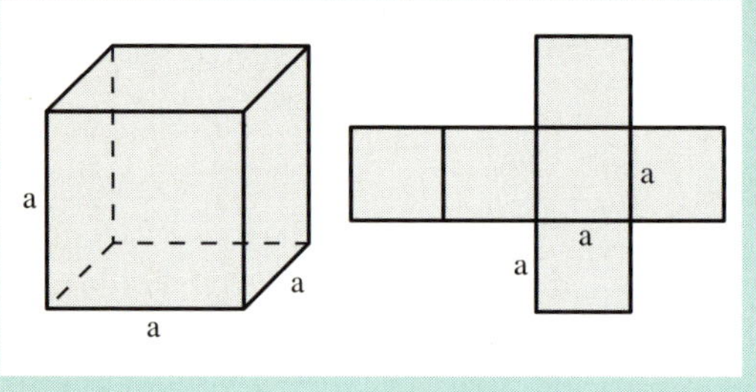

$V = a^3$ $O = 6a^2$

Quader

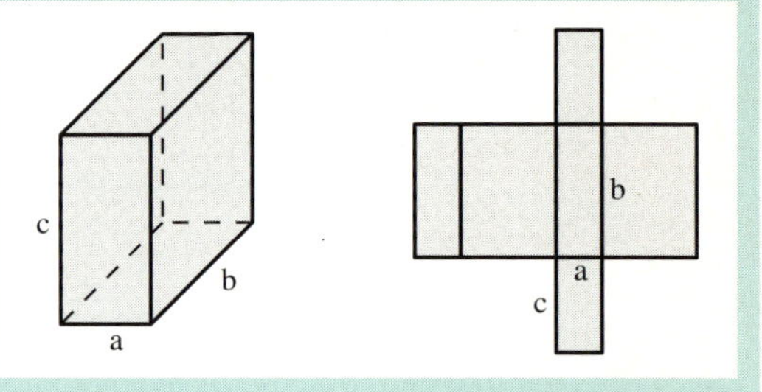

$V = a \cdot b \cdot c$ $O = 2\,(ab + ac + bc)$

Säulen / Prismen $V = G \cdot h$ $O = 2 \cdot G + M$

Dreiecksäule

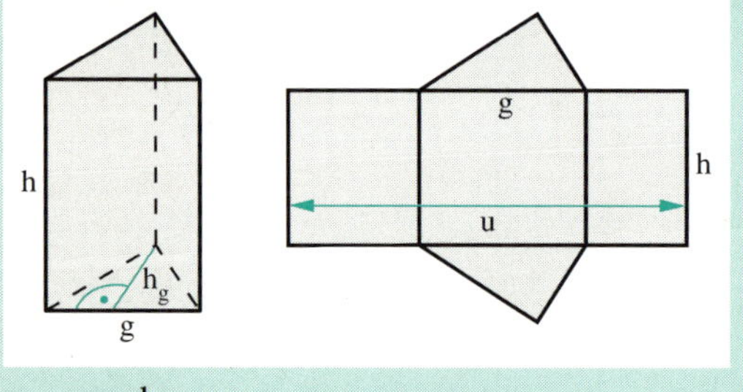

$G = \frac{g \cdot h_g}{2}$ $M = u \cdot h$

$V = G \cdot h$ $O = 2 \cdot G + M$

Trapezsäule

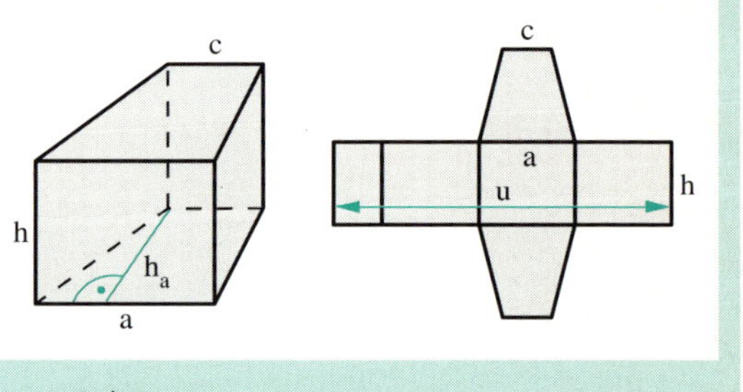

$G = \frac{a + c}{2} \cdot h_a$ $M = u \cdot h$

$V = G \cdot h$ $O = 2 \cdot G + M$

Pyramiden $V = \frac{1}{3}\,G \cdot h$ $O = G + M$

quadratische Pyramide

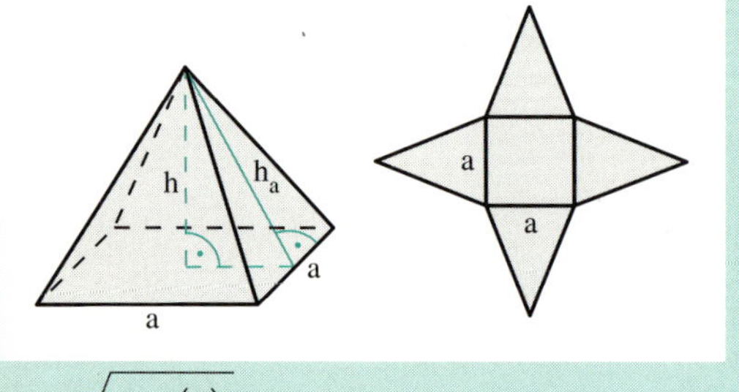

$h_a = \sqrt{h^2 + \left(\frac{a}{2}\right)^2}$ $M = 2a \cdot h_a$

$V = \frac{1}{3}\,a^2 \cdot h$ $O = a^2 + 2a \cdot h_a$

regelmäßige, dreiseitige Pyramide

Grundfläche: gleichseitiges Dreieck

$V = \frac{\sqrt{3}}{12}\,a^2 \cdot h$ $O = \frac{\sqrt{3}}{4}\,a^2 + \frac{3}{2}\,a \cdot h_a$

regelmäßige, sechsseitige Pyramide

Grundfläche: regelmäßiges Sechseck

$V = \frac{\sqrt{3}}{2}\,a^2 \cdot h$ $O = \frac{3\sqrt{3}}{2}\,a^2 + 3a \cdot h_a$

Pyramidenstumpf $V = \frac{1}{3}\,h\,(G_1 + \sqrt{G_1 G_2} + G_2)$ $O = G_1 + G_2 + M$

Quadratischer Pyramidenstumpf

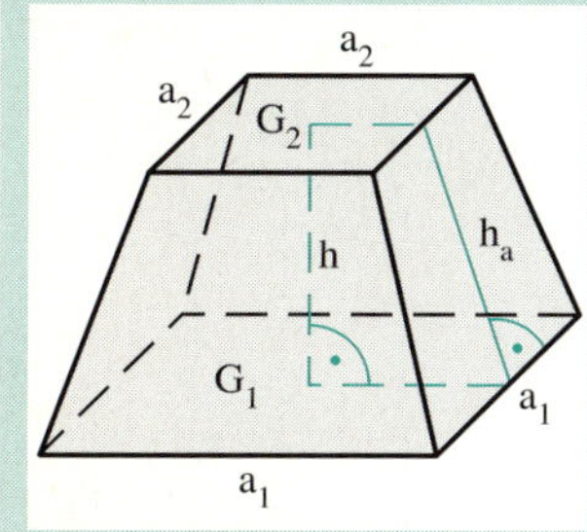

$$V = \frac{1}{3}\,h\,(a_1^2 + a_1 a_2 + a_2^2)$$

$$M = 2\,(a_1 + a_2) \cdot h_a$$

$$h_a = \sqrt{h^2 + \left(\frac{a_1 - a_2}{2}\right)^2}$$

$$O = a_1^2 + a_2^2 + 2h_a\,(a_1 + a_2)$$

Zylinder $V = G \cdot h$ $O = M + 2G$

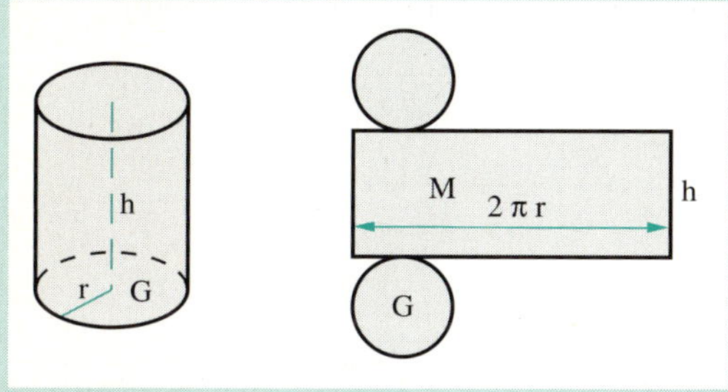

$V = \pi r^2 \cdot h$

$M = 2\pi rh$

$O = 2\pi r^2 + 2\pi rh$

$O = 2\pi r\,(r + h)$

Kegel $V = \frac{1}{3}\,G \cdot h$ $O = M + G$

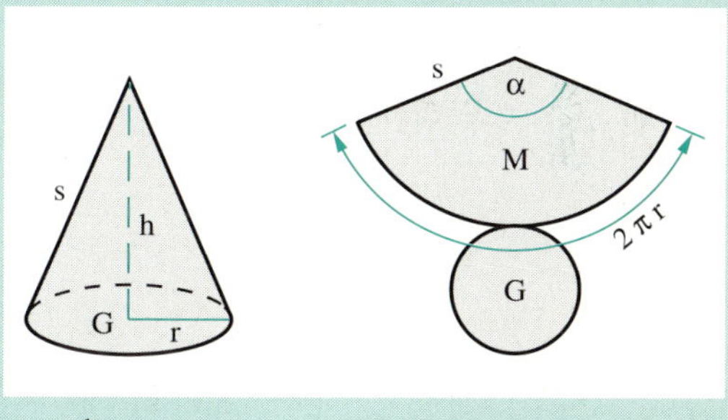

$V = \frac{1}{3}\,\pi r^2 h$

$s = \sqrt{h^2 + r^2}$

$M = \pi rs$

$O = \pi r^2 + \pi rs$

$O = \pi r\,(r + s)$

Kugel

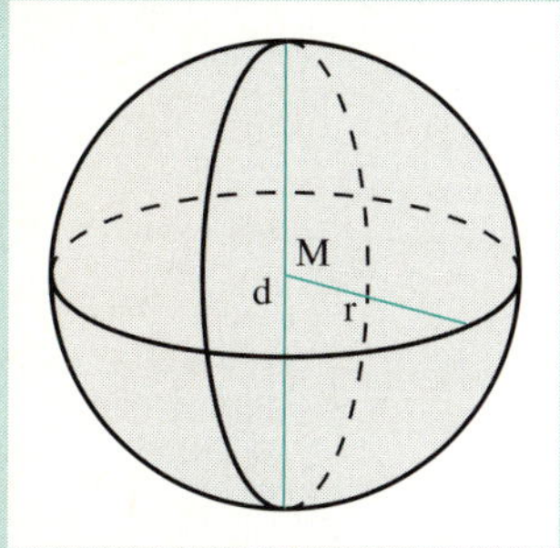

$V = \frac{4}{3}\,\pi r^3 = \frac{1}{6}\,\pi d^3$

$O = 4\pi r^2 = \pi d^2$

Kegelstumpf
$V = \frac{1}{3}\,h\,(G_1 + \sqrt{G_1 G_2} + G_2)$ $O = G_1 + G_2 + M$

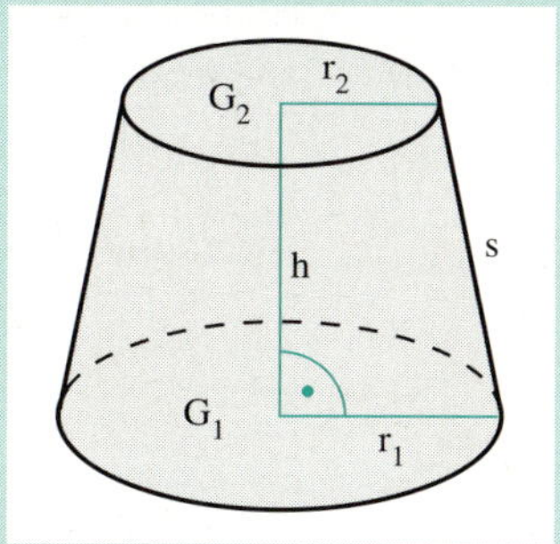

$$V = \frac{\pi}{3}\,h\,(r_1^2 + r_1 r_2 + r_2^2)$$

$$s = \sqrt{h^2 + (r_1 - r_2)^2}$$

$$M = \pi s\,(r_1 + r_2)$$

$$O = \pi r_1^2 + \pi r_2^2 + \pi s\,(r_1 + r_2)$$

Trigonometrie

Winkelfunktionen im rechtwinkligen Dreieck

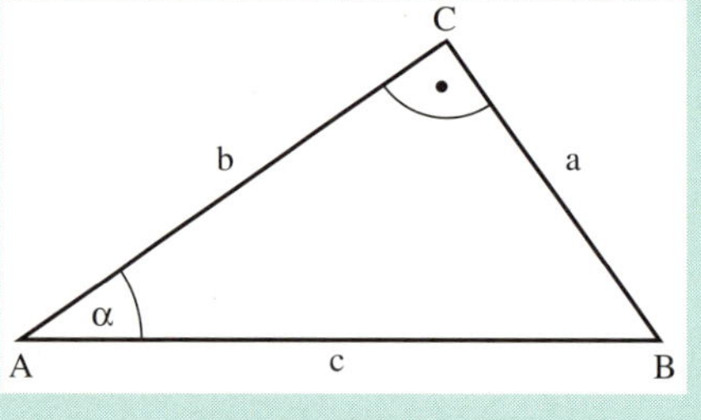

$\sin\alpha = \frac{a}{c} = \frac{\text{Gegenkathete von } \alpha}{\text{Hypotenuse}}$

$\cos\alpha = \frac{b}{c} = \frac{\text{Ankathete von } \alpha}{\text{Hypotenuse}}$

$\tan\alpha = \frac{a}{b} = \frac{\text{Gegenkathete von } \alpha}{\text{Ankathete von } \alpha}$

	sin α	cos α	tan α
α = 0°	0	1	0
α = 30°	$\frac{1}{2}$	$\frac{1}{2}\sqrt{3}$	$\frac{1}{3}\sqrt{3}$
α = 45°	$\frac{1}{2}\sqrt{2}$	$\frac{1}{2}\sqrt{2}$	1
α = 60°	$\frac{1}{2}\sqrt{3}$	$\frac{1}{2}$	$\sqrt{3}$
α = 90°	1	0	–

$\sin\alpha = \cos(90° - \alpha)$

$\cos\alpha = \sin(90° - \alpha)$

$\tan\alpha = \frac{\sin\alpha}{\cos\alpha}$

$\sin^2\alpha + \cos^2\alpha = 1$

Trigonometrische Berechnungen am Dreieck

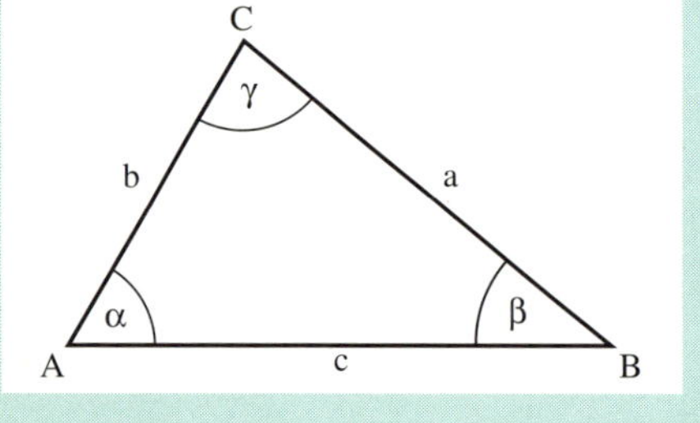

Kosinussatz

$a^2 = b^2 + c^2 - 2bc \cdot \cos\alpha$

$b^2 = a^2 + c^2 - 2ac \cdot \cos\beta$

$c^2 = a^2 + b^2 - 2ab \cdot \cos\gamma$

Sinussatz

$\frac{a}{\sin\alpha} = \frac{b}{\sin\beta}$

$\frac{a}{\sin\alpha} = \frac{c}{\sin\gamma}$

$\frac{b}{\sin\beta} = \frac{c}{\sin\gamma}$

Flächeninhalt: $A = \frac{1}{2}\, ab \cdot \sin\gamma$ $\quad A = \frac{1}{2}\, bc \cdot \sin\alpha$ $\quad A = \frac{1}{2}\, ac \cdot \sin\beta$

Winkelfunktionen am Einheitskreis

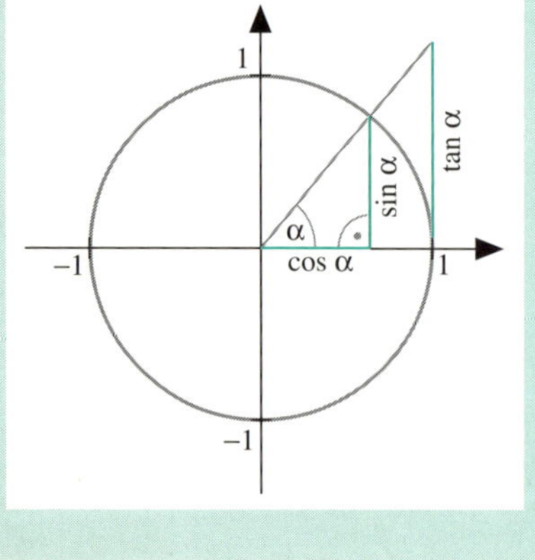

Vorzeichen	sin α	cos α	tan α
1. Quadrant	+	+	+
2. Quadrant	+	–	–
3. Quadrant	–	–	+
4. Quadrant	–	+	–

Grad	30°	45°	60°	90°	180°	270°	360°
Bogenmaß (Einheitskreis)	$\frac{\pi}{6}$	$\frac{\pi}{4}$	$\frac{\pi}{3}$	$\frac{\pi}{2}$	π	$\frac{3}{2}\pi$	2π

Schaubilder der Winkelfunktionen

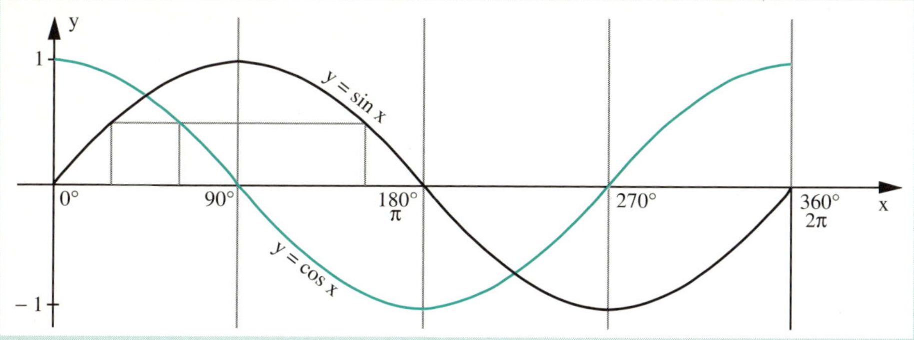

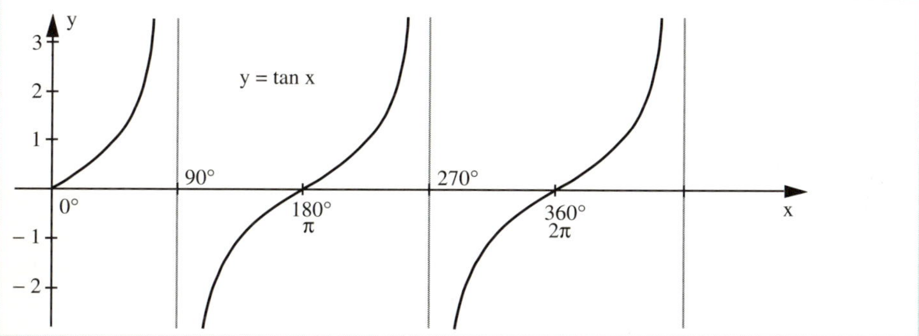

Beschreibende Statistik

Statistische Erhebung:
Umfang der Stichprobe: n
Merkmale der Erhebung: $a_1, a_2, a_3, \ldots, a_k$

Absolute Häufigkeit n_i des Merkmalswertes a_i ($i = 1, 2, \ldots, k$):
Anzahl, wie oft der Merkmalswert a_i bei der Befragung genannt wird.
$n_1 + n_2 + \ldots + n_k = n$

Relative Häufigkeit h_i des Merkmalswertes a_i ($i = 1, 2, \ldots, k$):

$$h_i = \frac{n_i}{n} = \frac{\text{absolute Häufigkeit des Merkmalswertes } a_i}{\text{Umfang der Stichprobe}}$$

$$h_1 + h_2 + \ldots + h_k = \frac{n_1 + n_2 + \ldots + n_k}{n} = 1$$

Mittelwert $\overline{x}$ der Merkmalswerte a_i ($i = 1, 2, \ldots, k$) mit den absoluten Häufigkeiten $n_1, n_2, \ldots, n_k$ und den relativen Häufigkeiten $h_1, h_2, \ldots, h_k$:

$$\overline{x} = \frac{a_1 \cdot n_1 + a_2 \cdot n_2 + \ldots + a_k \cdot n_k}{n} = a_1 \cdot h_1 + a_2 \cdot h_2 + \ldots + a_k \cdot h_k$$

Zentralwert: Wert in der Mitte aller Merkmalswerte (die Merkmalswerte müssen der Größe nach geordnete Zahlen sein).

Basisgrößen

Größe	Zeichen	Einheit	Größe	Zeichen	Einheit
Länge	*s*	m (Meter)	Temperatur	*T*	K (Kelvin)
Masse	*m*	kg (Kilogramm)	Lichtstärke	*I*	cd (Candela)
Zeit	*t*	s (Sekunde)	Stoffmenge	*ν*	mol (Mol)
Stromstärke	*I*	A (Ampere)			

Abgeleitete Größen

Größe	Zeichen	Einheit	Größe	Zeichen	Einheit
Aktivität	*A*	Bq (Becquerel)	Kapazität	*C*	F (Farad)
Arbeit/Energie	*W*	J (Joule)	Kraft	*F*	N (Newton)
Beschleunigung	*a*	m/s^2	Ladung	*Q*	C (Coulomb)
Brechkraft	*D*	dpt (Dioptrie)	Leistung	*P*	W (Watt)
Dichte	*ϱ*	kg/m^3	Spannung	*U*	V (Volt)
Druck	*p*	Pa (Pascal)	Temperatur	*ϑ*	°C (Grad Celsius)
Fläche	*A*	m^2	Volumen	*V*	m^3
Frequenz	*f*	Hz (Hertz)	Widerstand	*R*	Ω (Ohm)
Geschwindigkeit	*v*	m/s			

Auswahl physikalischer Größen und Formeln

Größe	Definition Formel	Einheit	Zusammenhänge Erklärungen
Mechanik			
Geschwindigkeit *v*	$v = \frac{s}{t}$	$\frac{m}{s}$	
Beschleunigung *a*	$a = \frac{v}{t}$	$\frac{m}{s^2}$	$1\ \frac{m}{s^2} = 1\ \frac{N}{kg}$
gleichmäßig beschleunigte Bewegung	$s = \frac{a}{2} \cdot t^2$	m	
	$v = a \cdot t$	$\frac{m}{s}$	
gleichmäßig verzögerte Bewegung	$s = v_o \cdot t - \frac{a}{2} \cdot t^2$	m	v_o = Anfangsgeschwindigkeit
	$v = v_o - a \cdot t$	$\frac{m}{s}$	
freier Fall	$s = \frac{g}{2} \cdot t^2$	m	*g* = Fallbeschleunigung (ortsabhängig, Mittelwert für Erdoberfläche: $g = 9{,}80665\ \frac{m}{s^2}$)
	$v = g \cdot t$	$\frac{m}{s}$	
Frequenz *f*	$f = \frac{n}{t}$	Hz (Hertz)	*n* = Anzahl der Umdrehungen; $1\ Hz = \frac{1}{s}$
Dichte *ϱ*	$\varrho = \frac{m}{V}$	$\frac{kg}{m^3}$	
Kraft *F*	$F = m \cdot a$	N (Newton)	$1\ N = 1\ kg\ \frac{m}{s^2}$

Größe	Definition Formel	Einheit	Zusammenhänge Erklärungen
Druck p	$p = \frac{F}{A}$	Pa (Pascal)	$1\ \text{Pa} = 1\ \frac{\text{N}}{\text{m}^2}$
Arbeit (Energie) W	$W = F \cdot s$	J (Joule)	1 J = 1 Nm
Leistung P	$P = \frac{W}{t}$	W (Watt)	$1\ \text{W} = 1\ \frac{\text{J}}{\text{s}}$
Wirkungsgrad	$\eta = \frac{W_n}{W_a}$		W_n = genutzte Energie W_a = aufgewendete Energie
Optik			
Brechkraft D	$D = \frac{1}{f}$	dpt (Dioptrie)	$1\text{dpt} = \frac{1}{\text{m}}$ f = Brennweite (m)
Wärmelehre			
Celsius-Temperatur ϑ	ϑ	°C	0 °C = 273,15 K 0 K = –273,15 °C
Längenausdehnung	$\Delta l = \alpha \cdot l \cdot \Delta T$	m	α = Ausdehnungskoeffizient
Elektrizitätslehre			
El. Ladung Q	$Q = I \cdot t$	C (Coulomb)	1 C = 1 As
El. Spannung U	$U = \frac{W}{Q}$	V (Volt)	$1\ \text{V} = 1\ \frac{\text{J}}{\text{C}} = 1\ \frac{\text{W}}{\text{A}}$
El. Widerstand R	$R = \frac{U}{I}$	Ω (Ohm)	$1\ \Omega = 1\ \frac{\text{V}}{\text{A}}$
Widerstand eines Leiters	$R = \frac{\rho \cdot l}{q}$	Ω (Ohm)	ρ = spezifischer Widerstand $\left(\frac{\Omega\ \text{mm}^2}{\text{m}}\right)$ l = Länge des Leiters (m) q = Querschnitt des Leiters (mm^2)
El. Leistung P	$P = U \cdot I$	W (Watt)	1 W = 1 VA
El. Arbeit W	$W = U \cdot I \cdot t$	Ws	1 Ws = 1 J
Kapazität (Kondensator) C	$C = \frac{Q}{U}$	F (Farad)	$1\ \text{F} = 1\ \frac{\text{C}}{\text{V}}$
Reihenschaltung von Widerständen	$R_G = R_1 + R_2 + \ldots + R_n$ $U_G = U_1 + U_2 + \ldots + U_n$ $I_1 = I_2 = \ldots = I_n$		R_G Gesamtwiderstand U_G Gesamtspannung I_G Gesamtstromstärke
Parallelschaltung von Widerständen	$\frac{1}{R_G} = \frac{1}{R_1} + \frac{1}{R_2} + \ldots + \frac{1}{R_n}$ $U_1 = U_2 = \ldots = U_n$ $I_G = I_1 + I_2 + \ldots + I_n$		(Schaltung von zwei Widerständen mit Schaltbildern siehe Seite 23)
Radioaktivität			
Strahlungsaktivität A	$A = \frac{Zerfälle}{t}$	Bq (Becquerel)	$1\ \text{Bq} = \frac{1}{\text{s}}$ t = Zeit

Chemische Elemente

Element	Zeichen	Ord. zahl
Actinium	**Ac**	89
Aluminium	**Al**	13
Americium	**Am**	95
Antimon	**Sb**	51
Argon	**Ar**	18
Arsen	**As**	33
Astat	**At**	85
Barium	**Ba**	56
Berkelium	**Bk**	97
Beryllium	**Be**	4
Bismut	**Bi**	83
Blei	**Pb**	82
Bor	**B**	5
Brom	**Br**	35
Cadmium	**Cd**	48
Cäsium	**Cs**	55
Calcium	**Ca**	20
Californium	**Cf**	98
Cer	**Ce**	58
Chlor	**Cl**	17
Chrom	**Cr**	24
Curium	**Cm**	96
Dysprosium	**Dy**	66
Einsteinium	**Es**	99
Eisen	**Fe**	26
Erbium	**Er**	68
Europium	**Eu**	63
Fermium	**Fm**	100
Fluor	**F**	9
Francium	**Fr**	87
Gadolinium	**Gd**	64
Gallium	**Ga**	31
Germanium	**Ge**	32
Gold	**Au**	79
Hafnium	**Hf**	72
Hahnium	**Ha**	105
Helium	**He**	2
Holmium	**Ho**	67

Element	Zeichen	Ord. zahl
Indium	**In**	49
Iod	**I**	53
Iridium	**Ir**	77
Kalium	**K**	19
Kobalt	**Co**	27
Kohlenstoff	**C**	6
Krypton	**Kr**	36
Kupfer	**Cu**	29
Kurtschatovium	**Ku**	104
Lanthan	**La**	57
Lawrencium	**Lr**	103
Lithium	**Li**	3
Lutetium	**Lu**	71
Magnesium	**Mg**	12
Mangan	**Mn**	25
Mendelevium	**Md**	101
Molybdän	**Mo**	42
Natrium	**Na**	11
Neodym	**Nd**	60
Neon	**Ne**	10
Neptunium	**Np**	93
Nickel	**Ni**	28
Niob	**Nb**	41
Nobelium	**No**	102
Osmium	**Os**	76
Palladium	**Pd**	46
Phosphor	**P**	15
Platin	**Pt**	78
Plutonium	**Pu**	94
Polonium	**Po**	84
Praseodym	**Pr**	59
Promethium	**Pm**	61
Protactinium	**Pa**	91
Quecksilber	**Hg**	80
Radium	**Ra**	88
Radon	**Rn**	86

Element	Zeichen	Ord. zahl
Rhenium	**Re**	75
Rhodium	**Rh**	45
Rubidium	**Rb**	37
Ruthenium	**Ru**	44
Samarium	**Sm**	62
Sauerstoff	**O**	8
Scandium	**Sc**	21
Schwefel	**S**	16
Selen	**Se**	34
Silber	**Ag**	47
Silicium	**Si**	14
Stickstoff	**N**	7
Strontium	**Sr**	38
Tantal	**Ta**	73
Technetium	**Tc**	43
Tellur	**Te**	52
Terbium	**Tb**	65
Thallium	**Tl**	81
Thorium	**Th**	90
Thulium	**Tm**	69
Titan	**Ti**	22
Uran	**U**	92
Vanadium	**V**	23
Wasserstoff	**H**	1
Wolfram	**W**	74
Xenon	**Xe**	54
Ytterbium	**Yb**	70
Yttrium	**Y**	39
Zink	**Zn**	30
Zinn	**Sn**	50
Zirkonium	**Zr**	40

Periodensystem der Elemente

Hauptgruppen

Periode	I	II		III	IV	V	VI	VII	VIII
1	1,008 **H** 1								4,00 **He** 2
2	6,94 **Li** 3	9,01 **Be** 4		10,81 **B** 5	12,01 **C** 6	14,00 **N** 7	16,00 **O** 8	19,00 **F** 9	20,18 **Ne** 10
3	22,99 **Na** 11	24,31 **Mg** 12		26,98 **Al** 13	28,09 **Si** 14	30,97 **P** 15	32,07 **S** 16	35,45 **Cl** 17	39,94 **Ar** 18
4	39,10 **K** 19	40,08 **Ca** 20	Nebengruppen	69,72 **Ga** 31	72,61 **Ge** 32	74,92 **As** 33	78,96 **Se** 34	79,90 **Br** 35	83,80 **Kr** 36
5	85,47 **Rb** 37	87,62 **Sr** 38		114,82 **In** 49	118,71 **Sn** 50	121,75 **Sb** 51	127,60 **Te** 52	126,90 **I** 53	131,29 **Xe** 54
6	132,91 **Cs** 55	137,33 **Ba** 56		204,38 **Tl** 81	207,19 **Pb** 82	208,98 **Bi** 83	(209) **Po** 84	(210) **At** 85	(222) **Rn** 86
7	(223) **Fr** 87	(226) **Ra** 88							

- ☐ feste Elemente
- ☐ gasförmige Elemente
- ☐ flüssige Elemente
- Grün: radioaktive Elemente

Atommasse – 55,85
Elementsymbol – Fe
Ordnungszahl – 26

Nebengruppen

Periode											
4	44,96 **Sc** 21		47,88 **Ti** 22	50,94 **V** 23	52,00 **Cr** 24	54,94 **Mn** 25	55,85 **Fe** 26	58,93 **Co** 27	58,69 **Ni** 28	63,55 **Cu** 29	65,37 **Zn** 30
5	88,91 **Y** 39		91,22 **Zr** 40	92,91 **Nb** 41	95,94 **Mo** 42	(99) **Tc** 43	101,07 **Ru** 44	102,91 **Rh** 45	106,42 **Pd** 46	107,87 **Ag** 47	112,41 **Cd** 48
6	138,91 **La** 57		178,49 **Hf** 72	180,95 **Ta** 73	183,85 **W** 74	186,2 **Re** 75	190,2 **Os** 76	192,22 **Ir** 77	195,08 **Pt** 78	196,97 **Au** 79	200,59 **Hg** 80
7	(227) **Ac** 89		(261) **Ku** 104	(262) **Ha** 105							

Lanthanide/Actinide

Periode														
6	140,12 **Ce** 58	140,91 **Pr** 59	144,24 **Nd** 60	(147) **Pm** 61	150,36 **Sm** 62	151,97 **Eu** 63	157,25 **Gd** 64	158,93 **Tb** 65	162,50 **Dy** 66	164,93 **Ho** 67	167,26 **Er** 68	168,93 **Tm** 69	173,04 **Yb** 70	174,97 **Lu** 71
7	232,04 **Th** 90	(231) **Pa** 91	238,03 **U** 92	(237) **Np** 93	(244) **Pu** 94	(243) **Am** 95	(247) **Cm** 96	(247) **Bk** 97	(251) **Cf** 98	(252) **Es** 99	(257) **Fm** 100	(258) **Md** 101	(259) **No** 102	(260) **Lr** 103

Halbwertszeiten und Zerfallsarten

Element	Isotop	Halbwertszeit	Strahlung	Element	Isotop	Halbwertszeit	Strahlung
Wasserstoff (Tritium)	$^{3}_{1}H$	12,3 Jahre	β	Radium	$^{226}_{88}Ra$	1600 Jahre	α
Polonium	$^{196}_{84}Po$	5,5 Sekunden	α	Uran	$^{235}_{92}U$	700 Mio. Jahre	α
Radon	$^{220}_{86}Rn$	55,6 Sekunden	α	Uran	$^{238}_{92}U$	4,4 Mrd. Jahre	α

Elektrische Schaltzeichen

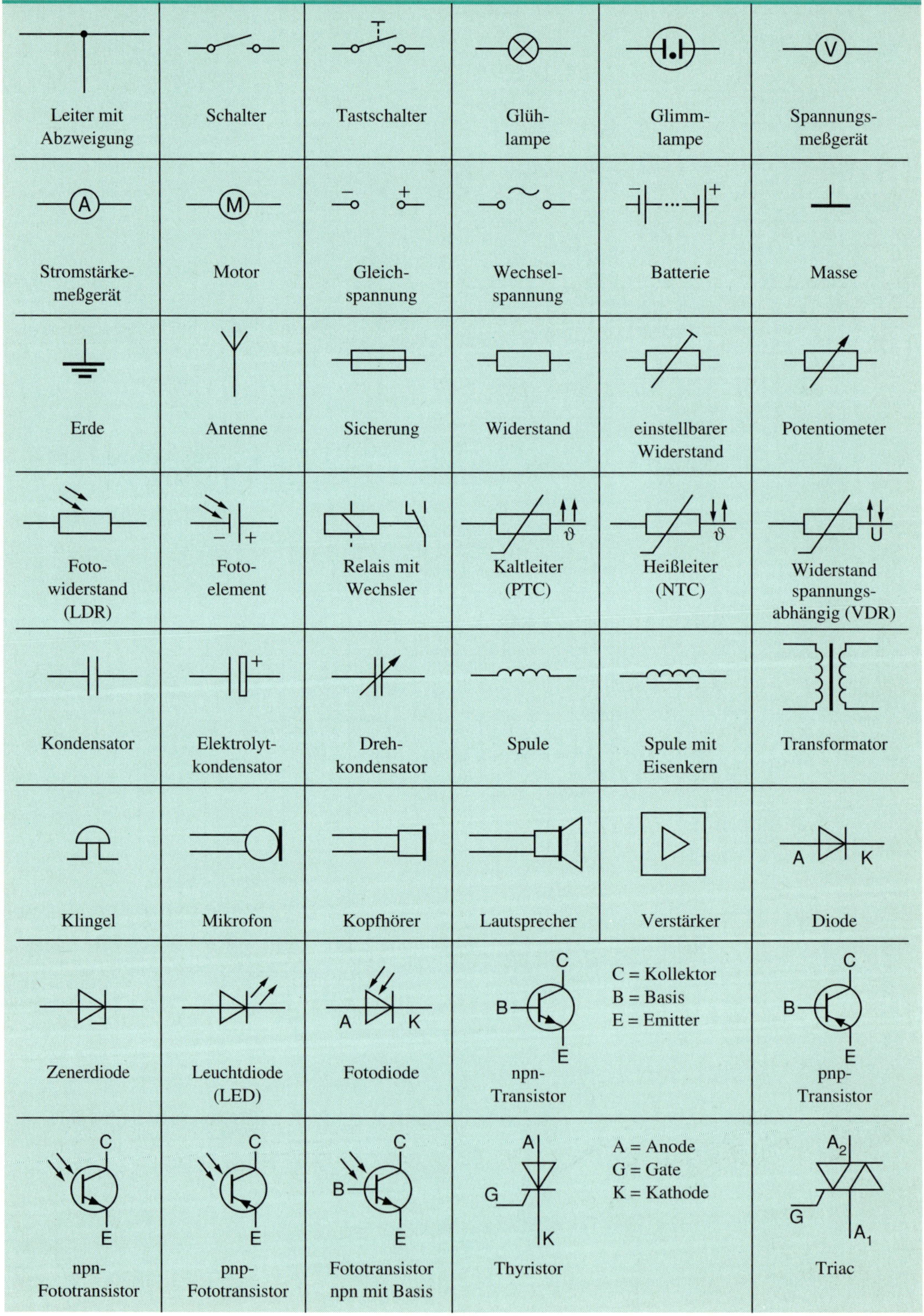

Schaltung von Widerständen (Verbrauchern)

Reihenschaltung

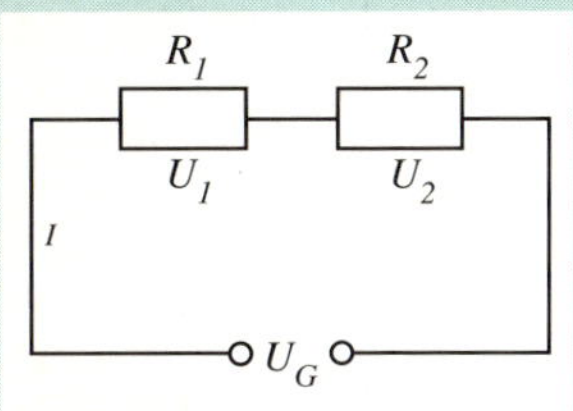

$U_G = U_1 + U_2$

$R_G = R_1 + R_2$

$I = \text{const.}$

Parallelschaltung

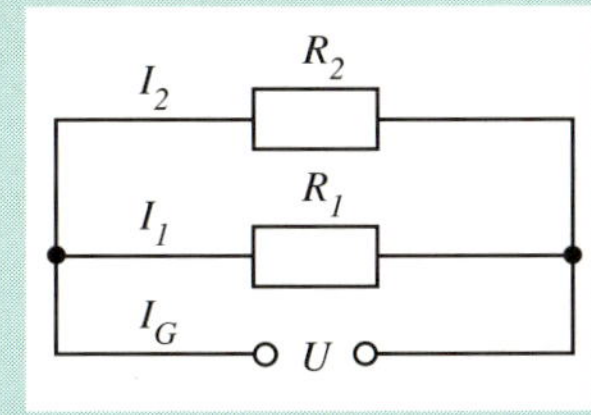

$I_G = I_1 + I_2$

$\frac{1}{R_G} = \frac{1}{R_1} + \frac{1}{R_2}$

$U = \text{const.}$

Farbcode für Widerstände

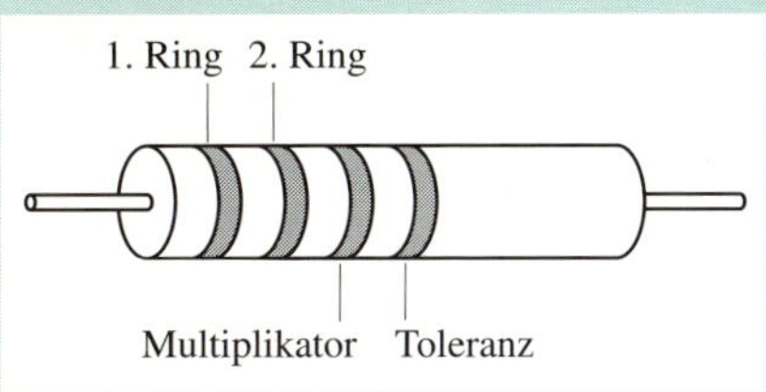

Beispiel:

1. Ring orange = 3
2. Ring gelb = 4
3. Ring gelb = × 10 000 Ω
4. Ring silber = 10 %

Widerstand 340 000 Ω; Toleranz ± 10 %

Farbe	1. Ring	2. Ring	Multiplikator	Toleranz
schwarz	0	0	× 1 Ω	–
braun	1	1	× 10 Ω	± 1 %
rot	2	2	× 100 Ω	± 2 %
orange	3	3	× 1 000 Ω	–
gelb	4	4	× 10 000 Ω	–
grün	5	5	× 100 000 Ω	–
blau	6	6	× 1 000 000 Ω	–
violett	7	7	–	–
grau	8	8	–	–
weiß	9	9	–	–
gold	–	–	× 0,1 Ω	± 5 %
silber	–	–	× 0,01 Ω	± 10 %

Elektronische Bauteile

Potentiometer

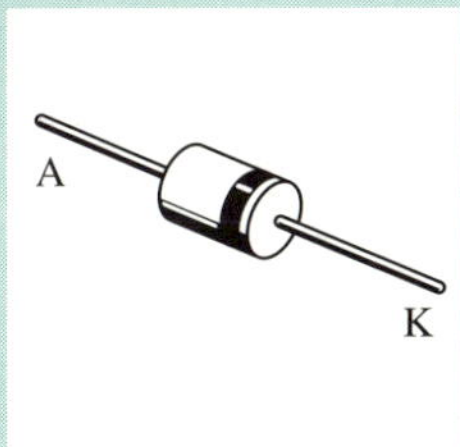

Diode

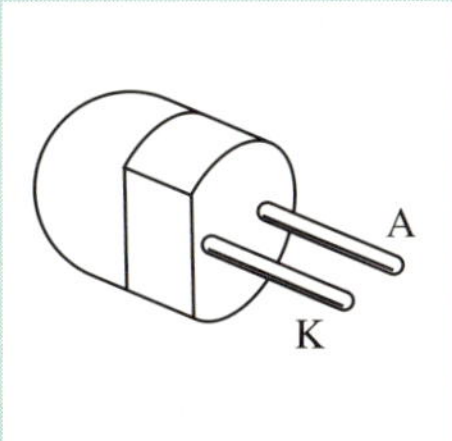

Leuchtdiode (LED)

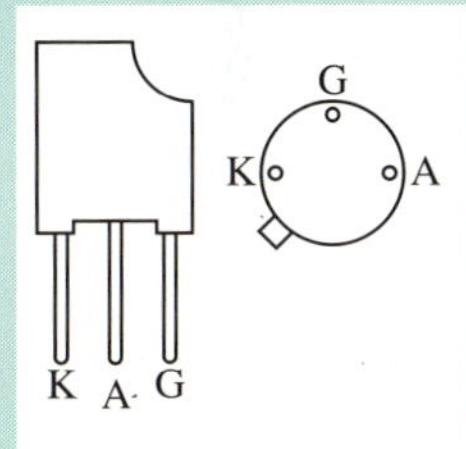

Thyristor

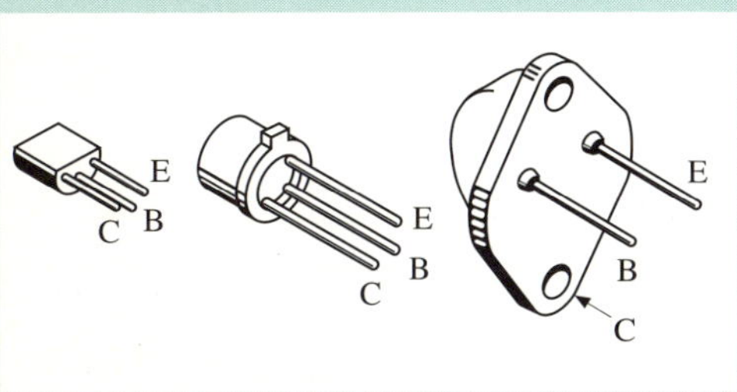

Transistoren

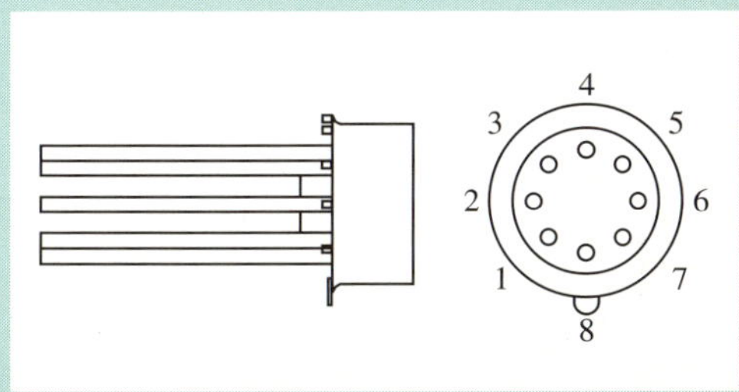

Integrierte Schaltung (IC)

Tabellen

Physikalische Konstanten

Fallbeschleunigung	$g = 9{,}80665\ ms^{-2}$
Absoluter Nullpunkt	$T_0 = -273{,}15\ °C$
Physikalischer Normdruck	$p_0 = 101\,325\ Pa$

Erde

Mittlerer Äquatorradius	6378,140 km
Polradius	6356,777 km
Äquatorumfang	40 075 km
Mittlerer Längenkreisgrad	111,137 km
Masse	$5{,}976 \cdot 10^{24}$ kg
Mittlere Dichte	$5{,}51\ g\ cm^{-3}$

Sonne

Radius	696 000 km
Masse	$1{,}9891 \cdot 10^{30}$ kg
Mittlere Dichte	$1{,}41\ g\ cm^{-3}$
Entfernung von der Erde	$1{,}4945 \cdot 10^{8}$ km

Mond

Radius	1 738 km
Masse	$7{,}35 \cdot 10^{22}$ kg
Mittlere Dichte	$3{,}35\ cm^{-3}$
Entfernung von der Erde	384 400 km

Dichte einiger Stoffe

feste Stoffe (in g/cm³)

Aluminium	2,70
Blei	11,34
Eis (0 °C)	0,92
Eisen	7,86
Glas (Fensterglas)	2,80
Gold	19,30
Holz (Eiche)	0,7
Kupfer	8,93
Messing ($\frac{2}{3}$ Kupfer)	8,3
Nickel	8,8
Platin	21,4
Schwefel	2,07
Silber	10,5
Stahlbeton	2,4
Wolfram	19,2
Zink	7,12
Zinn	7,28

Flüssigkeiten (in g/cm³)

Ethanol (Alkohol)	0,79
Benzol	0,88
Glycerin	1,26
Quecksilber	13,55
Wasser (4 °C)	1,0

Gase (in g / l)

Chlor	3,215
Helium	0,179
Kohlenstoffdioxid	1,976
Kohlenstoffoxid	1,250
Luft	1,293
Sauerstoff	1,429
Schwefeldioxid	2,926
Stickstoff	1,251
Wasserstoff	0,089

Alle Angaben beziehen sich auf Normalbedingungen hinsichtlich Temperatur und Druck.

Linearer Ausdehnungskoeffizient

feste Stoffe (in $\frac{mm}{m \cdot K}$)

Aluminium	0,024	Kupfer	0,017
Beton	0,012	Nickel	0,013
Blei	0,029	Porzellan	0,003
Eisen	0,012	Silber	0,020
Glas	0,009	Zink	0,026
Gold	0,014	Zinn	0,027

Spezifischer Widerstand

(in Ω mm²/m bei 18 °C)

Aluminium	0,028	Kupfer	0,017
Eisen	0,1	Messing	0,08
Glas	10^{16}	Porzellan	10^{20}
Hartgummi	10^{19}	Silber	0,016
Konstantan	0,5	Wolfram	0,05

Zustandsänderungen

Stoff	Schmelztemperatur (in °C)	Siedetemperatur (in °C)
Alkohol	–114	78
Aluminium	659	2447
Eisen	1535	2730
Gold	1063	2707
Kupfer	1083	2590
Luft	–213	–194
Sauerstoff	–219	–183
Stickstoff	–210	–196
Wasser	0	100
Wolfram	3380	5500
Zink	420	907
Zinn	232	2430